U0194527

普通高等教育新工科人才培养规划教材（虚拟现实技术方向）

虚拟现实（VR）效果表现项目案例教程

（3ds Max+Unreal Engine 4）

主 编 陈 竺 刘 明

副主编 胡 威 王化刚

中国水利水电出版社
www.waterpub.com.cn
·北京·

内 容 提 要

本书集合了学校一线专业教师的经验与企业的商业项目和最新技术，以大型项目案例方式介绍利用3ds Max和VRay制作效果图、利用3ds Max和Unreal Engine 4进行虚拟现实表现的知识内容，共6章：第1章介绍北欧风格客厅——午后阳光表现；第2章介绍简欧风格厨房——阴天灯光表现；第3章介绍现代风格卧室——晚间氛围表现；第4章介绍Unreal Engine 4基础；第5章介绍虚拟现实客厅效果表现；第6章介绍虚拟现实卧室效果表现，全面帮助读者掌握静态效果图和虚拟现实这两种效果表现技能，提高职业竞争力。

本书可作为高职高专和应用型本科院校艺术设计、数字媒体、虚拟现实等相关专业效果图和虚拟现实效果表现课程的教材，还可作为相关从业人员的培训和自学用书。

本书所有实例均使用3ds Max 2016、VRay 3.20 for 3ds Max 2016和Unreal Engine 4.18.3制作。

本书提供与教学配套的案例模型、贴图等文件，并配有电子教案、习题参考答案等资源，读者可以从万水书苑以及中国水利水电出版社网站下载，网址为：http://www.wsbookshow.com和http://www.waterpub.com.cn/softdown/。

图书在版编目（CIP）数据

虚拟现实（VR）效果表现项目案例教程 ：3ds Max+ Unreal Engine 4 / 陈竺，刘明主编. -- 北京 ：中国水利水电出版社，2018.8（2019.12 重印）
 普通高等教育新工科人才培养规划教材. 虚拟现实技术方向
 ISBN 978-7-5170-6755-9

 Ⅰ．①虚… Ⅱ．①陈… ②刘… Ⅲ．①虚拟现实－高等学校－教材 Ⅳ．①TP391.98

中国版本图书馆CIP数据核字(2018)第185581号

策划编辑：寇文杰　　　责任编辑：张玉玲　　　封面设计：梁 燕

书　名	普通高等教育新工科人才培养规划教材（虚拟现实技术方向） 虚拟现实（VR）效果表现项目案例教程（3ds Max+Unreal Engine 4） XUNI XIANSHI（VR）XIAOGUO BIAOXIAN XIANGMU ANLI JIAOCHENG（3ds Max+Unreal Engine 4）
作　者	主　编 陈 竺 刘 明 副主编 胡 威 王化刚
出版发行	中国水利水电出版社 （北京市海淀区玉渊潭南路 1 号 D 座 100038） 网址：www.waterpub.com.cn E-mail：mchannel@263.net（万水） 　　　　sales@waterpub.com.cn 电话：（010）68367658（营销中心）、82562819（万水）
经　售	全国各地新华书店和相关出版物销售网点
排　版	北京万水电子信息有限公司
印　刷	雅迪云印（天津）科技有限公司
规　格	184mm×260mm　16 开本　15.25 印张　340 千字
版　次	2018 年 8 月第 1 版　2019 年 12 月第 2 次印刷
印　数	2001—4000 册
定　价	68.00 元

凡购买我社图书，如有缺页、倒页、脱页的，本社营销中心负责调换

前 言

    虚拟现实（VR）技术是继计算机、互联网和移动通信之后的又一次信息产业的革命性发展，已成为全球技术研发的热点。虚拟现实（VR）技术已被正式列为国家重点发展的战略性新兴产业之一。虚拟现实（VR）技术被公认是 21 世纪最具发展潜力的学科以及影响人类生活的重要技术。虚拟现实的英文是 Virtual Reality，通常简称为 VR。虚拟现实技术以计算机技术为核心，融合了计算机图形学、多媒体技术、传感器技术、光学技术、人机交互技术、立体显示技术、仿真技术等，其目标旨在生成逼真的视觉、听觉、触觉、嗅觉一体化的具有真实感的三维虚拟环境。用户可以借助必要的设备，与该虚拟环境中的实体对象进行交互，相互影响，产生身临其境的感觉和体验。在这样的大背景下，传统静态效果图已不能完全满足室内设计表现的需要。静态效果图，主要使用 3ds Max+VRay 设计并制作，将设计师的构思以直观真实的图片形式传达给客户，满足一般个人客户对室内设计表现的需求。而虚拟现实表现，主要使用 3ds Max+Unreal Engine 4 设计并制作，超越实体的室内体验，与场景互动、自由漫游，满足高端客户、房地产开发商、政府项目等对室内设计表现的需求。

    基于上述情况，我们编写了本书，希望能够将两者结合在一起带给读者耳目一新的感受，帮助读者在竞争中占据优势。

    全书共 6 章：第 1 章介绍北欧风格客厅——午后阳光表现；第 2 章介绍简欧风格厨房——阴天灯光表现；第 3 章介绍现代风格卧室——晚间氛围表现；第 4 章介绍 Unreal Engine 4 基础；第 5 章介绍虚拟现实客厅效果表现；第 6 章介绍虚拟现实卧室效果表现，全面帮助读者掌握静态效果图和虚拟现实这两种效果表现技能，提高职业竞争力。

    本书特色：

- 校企合作的优秀成果：集合了学校一线专业教师的经验与企业的商业项目和最新技术。
- 全面的效果表现：3ds Max+VRay 效果图碰撞 Unreal Engine 4 虚拟现实表现。
- 项目式编排：每章首先明确学习目标，然后进行项目介绍，再详细地介绍各个环节的具体操作和为什么这样操作，再现项目的真实流程，最后配上课后习题，帮助加深知识理解和技能巩固。
- 言简意明：把理论知识融入到实例中，语言叙述简单清楚，操作步骤简明扼要，着眼技术、立足实用，书薄释浅。

● 图示清晰：用图示详细地表现操作步骤、要点和效果，大小适宜、色彩准确、直观清楚。

本书提供了与教学配套的案例模型、贴图等文件，并配有电子教案、习题参考答案等资源。

本书由重庆电子工程职业学院的陈竺、刘明任主编，重庆商务职业学院的胡威、王化刚任副主编。重庆巨蟹数码影像有限公司提供了部分项目案例支持，王海锋进行了技术指导；本书在编写过程中还得到了网龙华渔教育和武春岭教授的支持与帮助，值此图书出版之际，向他们表示衷心的感谢。

由于时间仓促，加之编者水平有限，书中疏漏甚至错误之处在所难免，敬请广大读者批评指正。

编者
2018 年 6 月

目　录

前言

第 1 章
北欧风格客厅——午后阳光表现　1
1.1　项目介绍 1
1.2　LWF 线性工作流 1
　　1.2.1　什么是 LWF 1
　　1.2.2　设置 LWF 模式 2
1.3　场景构图 2
　　1.3.1　设置画面比例 2
　　1.3.2　创建目标摄影机 4
1.4　灯光布置 5
　　1.4.1　设置玻璃和窗帘材质 6
　　1.4.2　创建太阳光 8
　　1.4.3　设置天光及环境 8
　　1.4.4　设置筒灯 11
　　1.4.5　设置落地灯 13
　　1.4.6　测试渲染 15
1.5　材质模拟 17
　　1.5.1　墙体乳胶漆材质 18
　　1.5.2　白色砖墙材质 19
　　1.5.3　木地板材质 19
　　1.5.4　白漆材质 21
　　1.5.5　原木材质 22
　　1.5.6　沙发材质 23
　　1.5.7　铸铁材质 25
　　1.5.8　地毯材质 26
　　1.5.9　陶瓷材质 28
　　1.5.10　植物材质 29
　　1.5.11　挂画材质 31
1.6　最终渲染 32
本章小结 35
课后习题 35

第 2 章
简欧风格厨房——阴天灯光表现　36
2.1　项目介绍 36
2.2　场景构图 37
　　2.2.1　设置画面比例 37
　　2.2.2　创建目标摄影机 38
2.3　灯光布置 40
　　2.3.1　设置天光 40
　　2.3.2　设置窗外背景 42
　　2.3.3　设置吊灯 42
　　2.3.4　设置筒灯 44
　　2.3.5　设置抽油烟机照明灯 46
　　2.3.6　测试渲染 48
2.4　材质模拟 50
　　2.4.1　天花乳胶漆材质 50
　　2.4.2　厨房墙砖材质 51
　　2.4.3　拼花地砖材质 53
　　2.4.4　橱柜材质 55
　　2.4.5　大理石台面材质 58
　　2.4.6　餐椅材质 59
　　2.4.7　不锈钢材质 60
　　2.4.8　陶瓷材质 61
　　2.4.9　银器材质 62
　　2.4.10　竹篓材质 63
　　2.4.11　柠檬材质 64
　　2.4.12　玫瑰材质 65
　　2.4.13　玻璃材质 68
　　2.4.14　镀金材质 69
2.5　最终渲染 70
本章小结 72
课后习题 73

第 3 章
现代风格卧室——晚间氛围表现　74

3.1　项目介绍...................74

3.2　场景构图...................74

　　3.2.1　设置画面比例............74

　　3.2.2　创建目标摄影机..........76

3.3　灯光布置...................79

　　3.3.1　设置玻璃和窗帘材质......79

　　3.3.2　设置夜晚天光...........81

　　3.3.3　设置窗外背景...........82

　　3.3.4　设置射灯..............82

　　3.3.5　设置筒灯..............84

　　3.3.6　设置灯带..............86

　　3.3.7　设置台灯..............87

　　3.3.8　测试渲染..............90

3.4　材质模拟...................91

　　3.4.1　墙纸材质..............91

　　3.4.2　背景墙软包材质.........92

　　3.4.3　木地板材质............94

　　3.4.4　灰漆材质..............95

　　3.4.5　床头柜材质............96

　　3.4.6　皮革材质..............98

　　3.4.7　床单材质..............99

　　3.4.8　抱枕材质.............100

3.5　最终渲染..................102

本章小结......................104

课后习题......................104

第 4 章
Unreal Engine 4 基础　106

4.1　Unreal Engine 4 的安装.........106

4.2　Unreal Engine 4 常用术语.......111

4.3　Unreal Engine 4 编辑器界面......112

　　4.3.1　菜单栏...............112

　　4.3.2　工具栏...............113

　　4.3.3　模式.................113

　　4.3.4　视图.................114

　　4.3.5　内容浏览器...........116

　　4.3.6　世界大纲视图.........117

　　4.3.7　细节.................117

本章小结......................117

课后习题......................118

第 5 章
虚拟现实客厅效果表现　119

5.1　项目介绍..................119

5.2　3ds Max 导出模型资源.........119

　　5.2.1　导出准备.............119

　　5.2.2　导出 FBX 文件.........121

5.3　UE4 导入模型资源...........123

　　5.3.1　导入准备.............123

　　5.3.2　导入 FBX 文件.........125

5.4　场景搭建..................128

5.5　灯光布置..................130

　　5.5.1　设置玻璃材质.........130

　　5.5.2　创建太阳光...........130

　　5.5.3　设置天光.............132

　　5.5.4　设置筒灯.............133

　　5.5.5　设置灯带.............136

　　5.5.6　测试构建.............139

5.6　材质模拟..................141

　　5.6.1　天花乳胶漆材质.......141

　　5.6.2　墙纸材质.............143

　　5.6.3　水泥地砖材质.........145

　　5.6.4　电视材质.............151

　　5.6.5　沙发材质.............154

　　5.6.6　角几实木材质.........160

　　5.6.7　茶几材质.............164

　　5.6.8　地毯材质.............169

　　5.6.9　陶瓷材质.............174

　　5.6.10　筒灯材质............174

5.7　创建碰撞外壳..............177

　　5.7.1　创建客厅墙体碰撞外壳...177

　　5.7.2　创建地面碰撞外壳......177

　　5.7.3　创建大门碰撞外壳......179

5.8　打包输出..................179

本章小结......................184

课后习题......................184

第 6 章
虚拟现实卧室效果表现 **185**

6.1 项目介绍.................................185

6.2 3ds Max 导出模型资源 185

6.3 UE4 导入模型资源...................187

6.4 场景搭建.................................189

6.5 灯光布置.................................190

   6.5.1 设置玻璃材质............................. 191

   6.5.2 设置吊灯.................................... 191

   6.5.3 设置台灯.................................... 193

   6.5.4 测试构建.................................... 197

6.6 材质模拟.................................199

   6.6.1 木地板材质 199

   6.6.2 皮革材质.................................... 202

   6.6.3 床单材质.................................... 205

   6.6.4 抱枕材质.................................... 209

   6.6.5 吊灯材质.................................... 213

   6.6.6 床头柜材质 219

   6.6.7 窗帘材质.................................... 222

6.7 创建碰撞外壳 229

   6.7.1 创建卧室墙体碰撞外壳 229

   6.7.2 创建窗户碰撞外壳..................... 229

6.8 添加背景音乐 231

6.9 打包输出.................................233

本章小结...................................234

课后习题...................................234

参考文献 **235**

第1章
北欧风格客厅——午后阳光表现

【学习目标】

- 了解北欧风格的特点。
- 掌握 LWF 的设置方法。
- 掌握纵向场景构图的技巧。
- 掌握半封闭空间午后阳光的布光方法。
- 掌握北欧风格客厅主要材质的制作方法。
- 熟悉渲染参数的设置，能够灵活运用进行测试渲染和成品渲染。

1.1 项目介绍

　　本场景是一个半封闭的客厅空间，空间狭长，客厅和开放式厨房相连，不采用硬装墙体分隔，既延展了空间的纵深感，又保证了采光。将太阳光和环境光作为主光，表现午后的阳光效果，然后通过室内台灯、筒灯等点缀修饰整体光效。本场景设计的是北欧风格，该风格以简约著称，具有浓厚的后现代主义特色，注重流畅的线条设计，代表了一种时尚、回归自然、崇尚原木韵味，外加现代、实用、精美的艺术设计风格，正反映出现代都市人进入新时代的某种取向与旋律。北欧风格在处理空间方面一般强调内外通透，最大限度地引入自然光。墙面、地面、顶棚、家具陈设均以简洁的造型、纯洁的质地、精细的工艺为特征。木材是北欧风格装修的灵魂，常用的装饰材料还有石材、玻璃和铁艺等，但都无一例外地保留这些材质的原始质感。色彩的选择上，偏向浅色和中性色，如白色、米色、浅木色、棕色、灰色、黑色，将鲜艳的纯色作为点缀，获得令人视觉舒适的效果，干净明朗，绝无杂乱之感。

1.2 LWF 线性工作流

1.2.1　什么是 LWF

　　LWF 线性工作流的宗旨是"所见即所得"。从软件端来说，传统效果图渲染模式和 LWF 渲染模式的本质区别是 Gamma 值：在传统效果图渲染模式中，使用 Gamma1.0 来表述整个颜色空间的色阶；在 LWF 渲染模式中，使用 Gamma2.2 来表述计算结果颜色空间的色阶。从布光来说，传统效果图渲染模式大多需要通过"补光"才能得到完美的光照效果，而 LWF 渲染模式只需要在场景中真实存在光源的地方进行打光即可。使用 LWF 渲染模式，效果图的表现遵从现实场景的灯光设计，避免使用过量的灯光，这不仅使打光的过程变得更真实简单，还提高了效果图制作的效率，更加满足商业化的需求。

1.2.2　设置 LWF 模式

既然在软件端 LWF 模式和传统渲染模式的本质区别是 Gamma 值，那么通过设置 3ds Max 的 Gamma 值即可设置 LWF 模式。

（1）在 3ds Max 的菜单栏中单击"自定义"→"首选项"命令，打开如图 1-1 所示的"首选项设置"对话框。

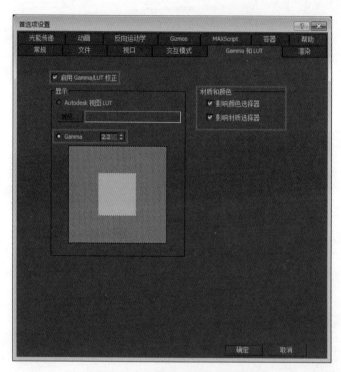

图 1-1　"首选项设置"对话框

（2）单击"Gamma 和 LUT"选项卡，勾选"启用 Gamma/LUT 校正"复选项，设置 Gamma 值为 2.2，勾选"影响颜色选择器"和"影响材质选择器"复选项，单击"确定"按钮。

1.3　场景构图

1.3.1　设置画面比例

打开"北欧风格客厅 .max"文件，为了能准确地取景，在创建摄影机前先对画面比例进行确定。这是一个狭长的客厅空间，为了能更好地展示，此处选择了纵构图的画面比例。

（1）在菜单栏中单击"渲染"→"渲染设置"命令，打开如图1-2所示的"渲染设置"对话框。

图1-2 "渲染设置"对话框

（2）单击"公用"选项卡，设置"宽度"为450，"高度"为600，此时"图像纵横比"自动生成0.75，单击锁定按钮将画面比例锁定，关闭对话框。

（3）选择透视图，按快捷键Shift+F激活"安全框"，如图1-3所示，最外面黄色边框内的区域就是最终渲染区域，此时的比例就是最终效果图的比例。

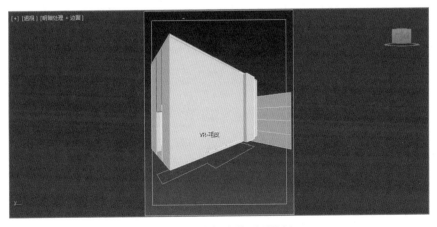

图1-3 安全框中的画面比例

1.3.2 创建目标摄影机

设置好画面比例后开始创建摄影机，进行室内场景的取景。

（1）在创建面板中选择"目标"摄影机，在顶视图中拖拽光标创建一台摄影机，使摄影机从门口的通道处向内拍摄，如图1-4所示。

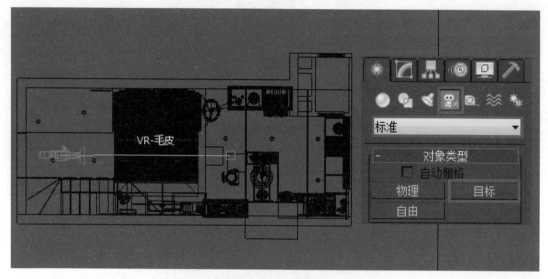

图1-4　创建目标摄影机

（2）选定摄影机，在修改面板中设置"镜头"为23.458，"视野"为75，如图1-5所示。

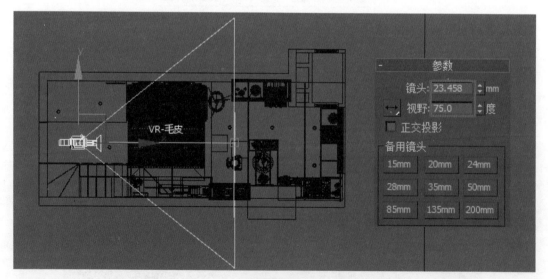

图1-5　设置目标摄影机参数

（3）切换到摄影机视图，此时的拍摄效果如图1-6所示，摄影机的高度显然不对。

（4）切换到前视图，调整摄影机和目标点的位置，如图1-7所示，切换回摄影机视图，拍摄效果如图1-8所示。

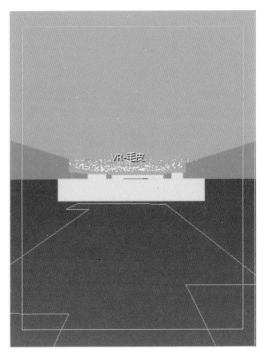

图 1-6　摄影机高度不对的拍摄效果

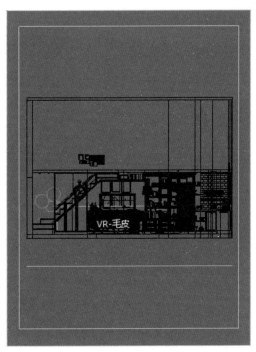

图 1-7　调整摄影机和目标点位置

图 1-8　调整好的拍摄效果

1.4　灯光布置

　　场景构图已经完成了，下面进行灯光布置。本实例表现的是下午时分的阳光效果，我们将使用 VR 太阳来模拟太阳光，使用 VR 天空来模拟自然天光。为了突出局部场景，使用目标灯光来模拟筒灯，使用 VR 球体灯光来模拟落地灯，增强灯光的层次感。

1.4.1 设置玻璃和窗帘材质

为什么这里要先设置玻璃和窗帘材质呢？因为玻璃和窗帘对阳光有阻挡作用，对于室内光照效果来说，对亮度甚至曝光都有很大的影响，所以需要先模拟玻璃和窗帘的材质。

1. 玻璃材质

按 M 键打开"材质编辑器"，新建一个 VrayMtl 材质球，具体参数设置如图 1-9 所示，材质球效果如图 1-10 所示。

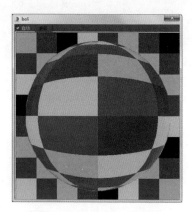

图 1-9　玻璃材质　　　　　　　　　图 1-10　玻璃材质球效果

（1）设置"漫反射"颜色为（红：124，绿：128，蓝：128）。

（2）设置"反射"颜色为（红：58，绿：58，蓝：58），勾选"菲涅耳反射"复选项。

（3）设置"折射"颜色为（红：240，绿：240，蓝：240），"折射率"为 1.5，"影响通道"为颜色 +Alpha，勾选"影响阴影"复选项。

（4）将材质指定给玻璃模型。

2. 窗帘材质

窗帘包含了两种不同颜色、不同透明度的材质，所以分别为窗帘模型设置了不同的 ID 值。在"材质编辑器"中新建一个 Multi/Sub-Object（多维 / 子对象）材质球，具体参数设置如图 1-11 所示，材质球效果如图 1-12 所示。

（1）为 ID1 新建一个 VRayMtl 材质球。

（2）设置"漫反射"颜色为（红：120，绿：120，蓝：120）。

（3）设置"折射"颜色为（红：12，绿：12，蓝：12），"光泽度"为 0.95，"影响通道"为颜色 +Alpha，勾选"影响阴影"复选项。

（4）为 ID2 新建一个 VRayMtl 材质球。

（5）设置"漫反射"颜色为（红：180，绿：180，蓝：180）。

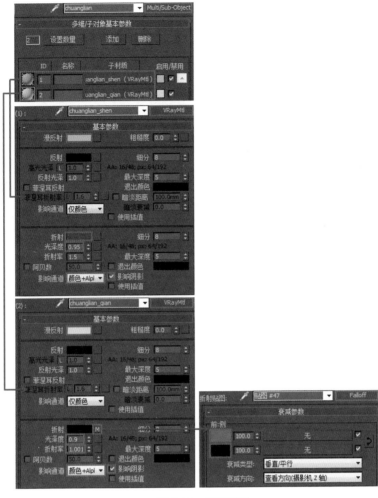

图 1-11　窗帘材质

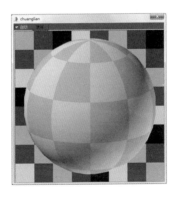

图 1-12　窗帘材质球效果

（6）在"折射"贴图通道中加载一张"衰减"程序贴图，设置"前"颜色为（红：35，绿：
35，蓝：35），"侧"颜色为（红：0，绿：0，蓝：0）；设置"光泽度"为0.9，"影响通道"
为颜色+Alpha，勾选"影响阴影"复选项。

1.4.2　创建太阳光

（1）在创建面板中选择"VRay 太阳"，在顶视图中拖拽光标创建一个 VRay 太阳，如图 1-13 所示。

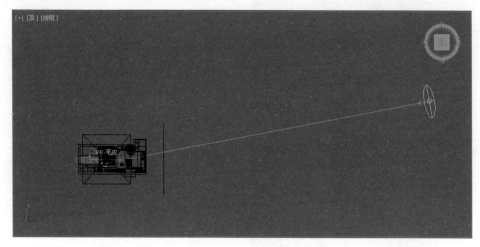

图 1-13　创建 VRay 太阳

（2）选定 VRay 太阳，在修改面板中设置"VRay 太阳参数"，如图 1-14 所示。

图 1-14　设置 VRay 太阳参数

（3）分别切换到前视图和左视图，调整太阳和目标点的位置，如图 1-15 和图 1-16 所示。

1.4.3　设置天光及环境

创建好太阳光后，我们将使用 VR 天空来模拟自然天光并设置窗外背景。

1. 设置天光

（1）按 F10 键打开"渲染设置"对话框，单击"VRay 选项卡"，打开"环境"卷展栏，勾选"全局照明 (GI) 环境"复选项，再勾选"贴图"复选项，单击"无"按钮并在弹出的"材质 / 贴图浏览器"窗口中选择"VR- 天空"贴图，如图 1-17 所示。

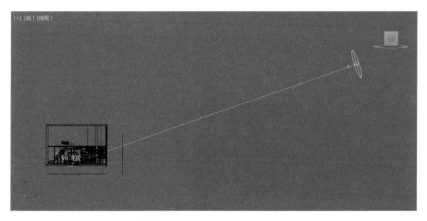

图 1-15　前视图中调整太阳和目标点位置

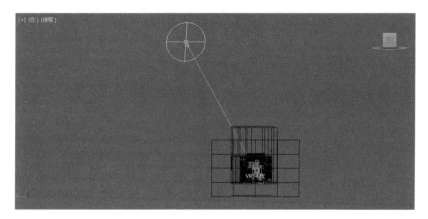

图 1-16　左视图中调整太阳和目标点位置

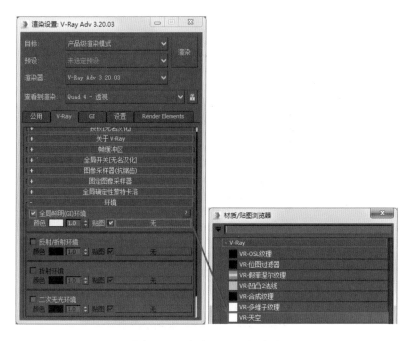

图 1-17　设置 VR - 天空贴图

（2）按 M 键打开"材质编辑器"，将"VR-天空"贴图拖入"材质编辑器"的材质球实例框中，选择"实例"复制，如图 1-18 所示。

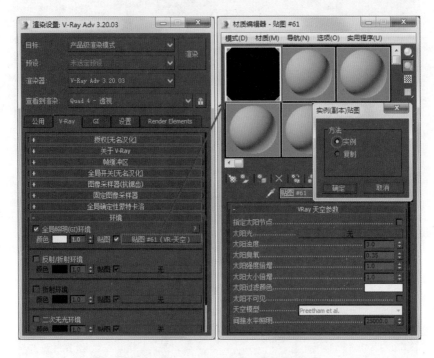

图 1-18　实例复制 VR-天空贴图

（3）打开"VRay 天空参数"卷展栏，勾选"指定太阳节点"复选项，单击"无"按钮选择场景中的 VRay 太阳，其他参数设置如图 1-19 所示。

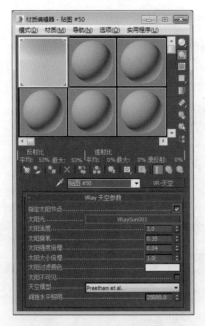

图 1-19　设置 VR-天空贴图参数

2. 设置窗外背景

新建一个 VR- 灯光材质的材质球, 具体参数设置如图 1-20 所示, 材质球效果如图 1-21 所示。

图 1-20　背景材质

图 1-21　背景材质球效果

（1）设置"强度"为3, 单击"颜色"右侧的"无"按钮加载一张背景位图, 勾选"背面发光"复选项。

（2）将材质指定给场景中窗外的面片模型。

1.4.4　设置筒灯

前面的自然光设置好后, 基本的场景照明已经完成了, 但既然是效果图, 就要考虑艺术性, 为了使灯光效果更加丰富、有层次感, 下面将使用室内灯光来点缀局部场景。

（1）在创建面板中选择"目标灯光", 切换到前视图, 在天花灯筒处从上到下拖拽光标创建一盏灯光, 如图 1-22 所示。

（2）切换到顶视图, 将"过滤器"设置为"L- 灯光", 框选目标灯光并将其移动到筒灯处, 如图 1-23 所示。

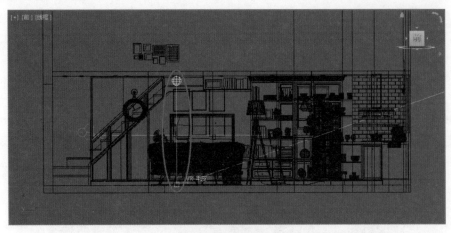

图 1-22　创建筒灯光源

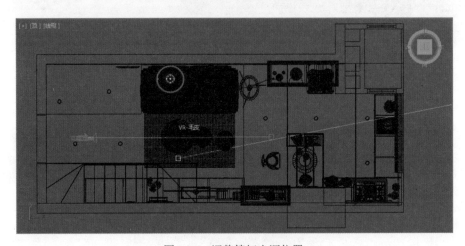

图 1-23　调整筒灯光源位置

（3）框选目标灯光，将它以"实例"的形式复制 5 盏，分别移动到沙发、吧凳、楼梯另外 5 个筒灯位置处，如图 1-24 所示。

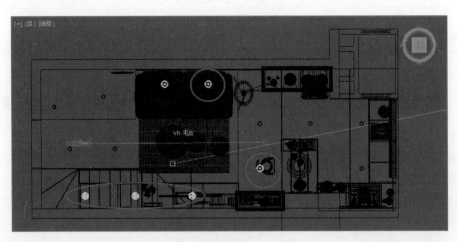

图 1-24　复制筒灯光源

（4）选定一盏目标灯光，在修改面板中设置"阴影类型"为VR-阴影、"灯光分布（类型）"为光度学Web，在"分布（光度学Web）"中加载"筒灯-散光.ies"文件，设置"颜色"为开尔文6500、"强度"为1700cd，如图1-25所示。

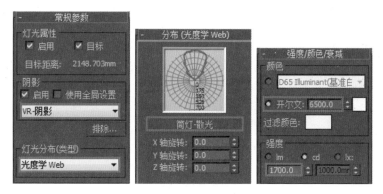

图1-25　设置筒灯光源参数

1.4.5　设置落地灯

沙发背景墙的光照可以再丰富一些，因此添加了落地灯的烘托。而北欧风格带有一种比较高冷的感觉，所以除了太阳光，在筒灯和落地灯上都选择使用冷光。

（1）在创建面板中选择"VR-灯光"的球体灯光，切换到顶视图，在落地灯灯罩内拖拽光标创建一盏灯光，如图1-26所示。

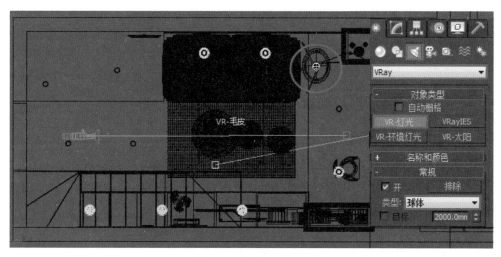

图1-26　创建台灯光源

（2）切换到前视图，调整球体灯光的位置，如图1-27所示。

（3）选定球体灯光，在修改面板中设置"倍增"为2、"颜色"为（红：198，绿：235，蓝：255），如图1-28所示。

（4）按M键打开"材质编辑器"，新建一个VRayMtl材质球，具体参数设置如图1-29所示，材质球效果如图1-30所示。

图 1-27 调整台灯光源位置

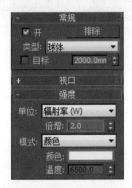

图 1-28 设置台灯光源参数

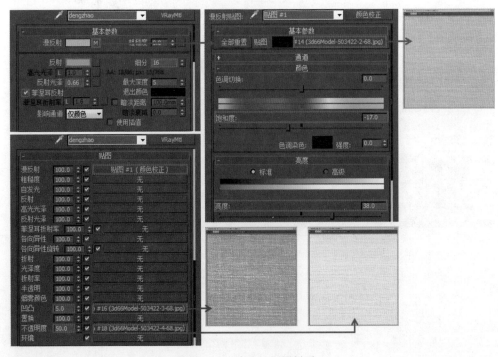

图 1-29 落地灯灯罩材质

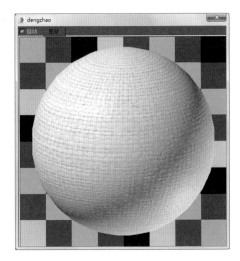

图 1-30 落地灯灯罩材质球效果

（5）在"漫反射"贴图通道中加载一张"颜色校正"程序贴图，在"贴图"通道中加载一张布纹位图，设置"饱和度"为 -17、"亮度"为 38，模拟灯罩的表面纹理和颜色。

（6）设置"反射"颜色为（红：97，绿：97，蓝：97）、"反射光泽"为 0.66、"细分"为 16，勾选"菲涅耳反射"复选项，模拟真实而细腻的模糊反射效果。

（7）在"凹凸"贴图通道中加载一张布纹凹凸位图，设置"强度"为 5，模拟灯罩的纹理感。

（8）在"不透明度"贴图通道中加载一张布纹不透明度位图，设置"强度"为 50，模拟灯罩的透明效果。

（9）将材质指定给落地灯灯罩模型。

1.4.6 测试渲染

灯光布置后显然要进行测试渲染才能知道灯光的颜色、强度、位置是否合适，是否有曝光问题等。下面设置测试参数，开始测试渲染。

（1）按 F10 键打开"渲染设置"对话框，在设置画面比例的时候已经设置了"宽度"为 450、"高度"为 600，锁定"图像纵横比"为 0.75，这个图像大小比较适合测试图的大小，所以此处保持不变。

（2）单击 V-Ray 选项卡，打开"图像采样器（抗锯齿）"卷展栏，设置"图像采样器"的"类型"为固定，勾选"图像过滤器"复选项，设置"过滤器"为区域，如图 1-31 所示。

（3）单击 GI 选项卡，打开"全局照明"卷展栏，勾选"启用全局照明"复选项，设置"首次引擎"为发光图、"二次引擎"为灯光缓存；打开"发光图"卷展栏，设置"当前预设"为非常低、"细分"为 20、"插值采样"为 20；打开"灯光缓存"卷展栏，设置"细分"为 300，如图 1-32 所示。

（4）按 C 键切换到摄影机视图，按快捷键 Shift+Q 渲染场景，如图 1-33 所示。

图 1-31　设置"图像采样器（抗锯齿）"参数

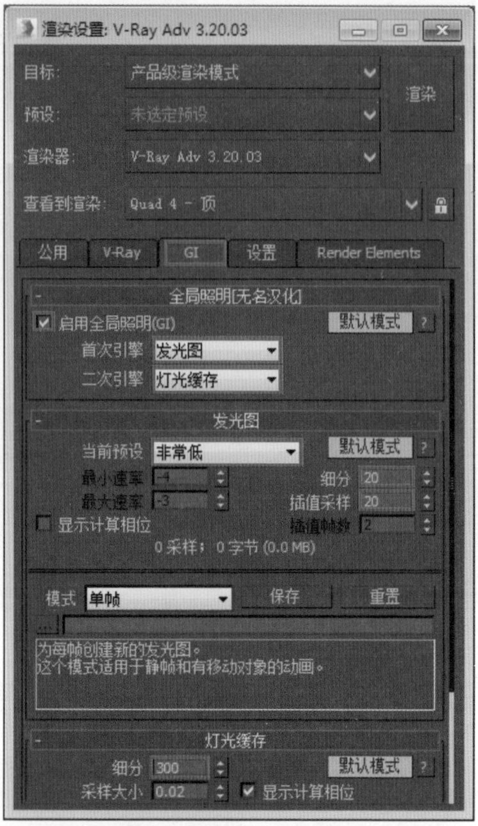

图 1-32　设置 GI 参数

图 1-33　灯光测试渲染

（5）可以使用"颜色贴图"来处理曝光。按 F10 键打开"渲染设置"对话框，单击 V-Ray 选项卡，打开"颜色贴图"卷展栏，设置"类型"为指数、"暗度倍增"为 1.2、"亮度倍增"为 1，提高暗部的曝光，如图 1-34 所示。

图 1-34　设置"颜色贴图"参数

（6）切换到摄影机视图，按快捷键 Shift+Q 渲染场景，此时场景中的曝光就正常了，如图 1-35 所示。

图 1-35　灯光最终测试渲染

1.5　材质模拟

本节将对北欧风格客厅场景中一些常见材质的设置方法进行介绍，如墙体乳胶漆、白色砖墙、木地板、白漆、原木、沙发、铸铁、地毯、陶瓷、植物、挂画等。

1.5.1 墙体乳胶漆材质

墙体乳胶漆的颜色比较白，但不是纯白，表面有点粗糙，有反射能力但不能成像，根据这些特点来模拟墙体乳胶漆材质。按 M 键打开"材质编辑器"，新建一个 VRayMtl 材质球，具体参数设置如图 1-36 所示，材质球效果如图 1-37 所示，实际渲染效果如图 1-38 所示。

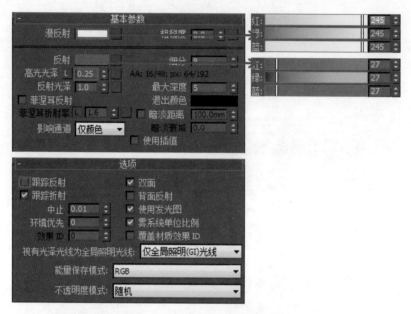

图 1-36 墙体乳胶漆材质参数

图 1-37 墙体乳胶漆材质球效果

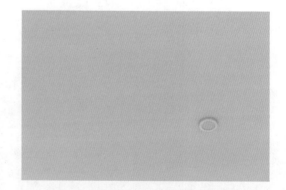

图 1-38 墙体乳胶漆材质渲染效果

（1）设置"漫反射"颜色为（红：245，绿：245，蓝：245），这里不设置纯白色的值 255，因为墙面不可能全部反光，它不是纯白的，所以设置一个非常接近纯白色的值。

（2）设置"反射"颜色为（红：27，绿：27，蓝：27），表现墙面有点粗糙而反射较弱的特点；设置"高光光泽"为 0.25，表现墙面高光比较大的特点。

（3）打开"选项"卷展栏，取消勾选"跟踪反射"复选项，使墙面反射不成像。

（4）将材质指定给墙体模型。

1.5.2 白色砖墙材质

沙发背景墙为白色砖墙，有砖的纹理，表面粗糙有明显的凹凸质感，有反射能力但不能成像，根据这些特点来模拟白色砖墙材质。在"材质编辑器"中新建一个 VRayMtl 材质球，具体参数设置如图 1-39 所示，材质球效果如图 1-40 所示，实际渲染效果如图 1-41 所示。

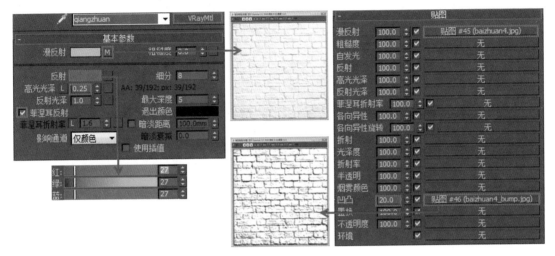

图 1-39　白色砖墙材质参数

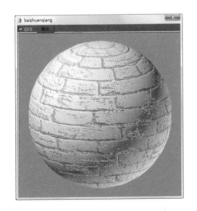

图 1-40　白色砖墙材质球效果

图 1-41　白色砖墙材质渲染效果

（1）在"漫反射"贴图通道中加载一张砖墙位图，模拟砖墙的颜色和图案。

（2）设置"反射"颜色为（红：27，绿：27，蓝：27）、"高光光泽"为 0.25，勾选"菲涅耳反射"复选项，表现砖墙表面真实的反射较弱、高光较大的特点。

（3）打开"贴图"卷展栏，在"凹凸"贴图通道中加载一张砖墙凹凸位图，设置"强度"为 20，模拟明显的凹凸纹理感觉。

1.5.3 木地板材质

木地板是室内地面经常用到的材质，有木材的纹理，表面粗糙有凹凸质感，模糊反射，根据这些特点来模拟木地板材质。在"材质编辑器"中新建一个 VRayMtl 材质球，具体参数设置如图 1-42 所示，材质球效果如图 1-43 所示，实际渲染效果如图 1-44 所示。

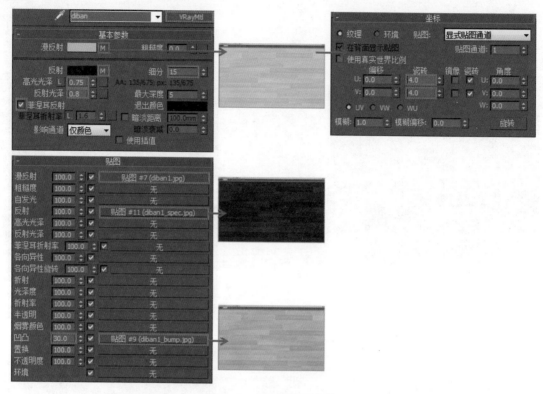

图 1-42　木地板材质参数

图 1-43　木地板材质球效果

图 1-44　木地板材质渲染效果

（1）在"漫反射"贴图通道中加载一张木地板位图，设置 U、V 方向的"平铺"为 4，模拟地板的颜色和图案。

（2）在"反射"贴图通道中加载一张木地板反射位图，设置"高光光泽"为 0.75、"反射光泽"为 0.8、"细分"为 15，勾选"菲涅耳反射"复选项，模拟细腻而真实的高光和模糊反射。

（3）打开"贴图"卷展栏，在"凹凸"贴图通道中加载一张木地板凹凸位图，设置"强度"为30,模拟带点凹凸的纹理感觉。

1.5.4　白漆材质

在本场景中,柜体大都用到了白漆材质。白漆看起来柔和,反射强度比较弱,同时反射效果又是比较干净和清晰的,白漆表面还会有非常细微的颗粒凹凸感,根据这些特点来模拟白漆材质。在"材质编辑器"中新建一个 VRayMtl 材质球,具体参数设置如图 1-45 所示,材质球效果如图 1-46 所示,实际渲染效果如图 1-47 所示。

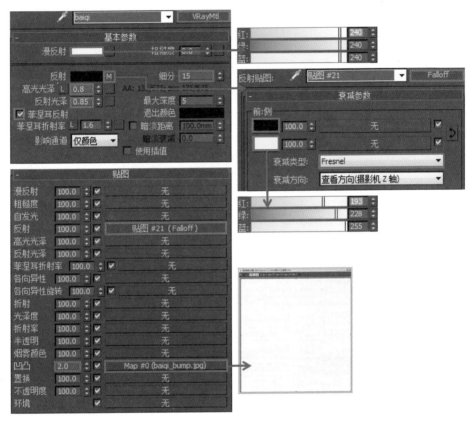

图 1-45　白漆材质参数

图 1-46　白漆材质球效果

图 1-47　白漆材质渲染效果

（1）设置"漫反射"颜色为（红：240，绿：240，蓝：240），接近纯白色，模拟白漆的颜色。

（2）在"反射"贴图通道中加载一张"衰减"程序贴图，设置"前"为纯黑色、"侧"颜色为（红：193，绿：228，蓝：255）、"衰减类型"为 Fresnel。"衰减"中"侧"通道的颜色是偏蓝的，这样设置的目的是让白漆的反射带点蓝色的效果，增加室内的冷色调，使北欧风格更明显。设置"高光光泽"为 0.8、"反射光泽"为 0.85、"细分"为 15，勾选"菲涅耳反射"复选项，模拟比较干净和清晰的反射效果。

（3）打开"贴图"卷展栏，在"凹凸"贴图通道中加载一张颗粒凹凸位图，设置"强度"为 2，模拟白漆表面非常细微的颗粒凹凸感。

1.5.5　原木材质

原木家具因其细密的质感以及天然的纹理，给人简约舒适的轻松感，仿佛回到家就能抛掉一切疲惫，享受自然清新，符合年轻人追求的家居"轻生活"，让北欧风格的温馨与简洁更淋漓尽致。在本场景中，沙发、茶几、落地灯的支架和吧凳的面板都使用了原木材质。这里以沙发支架的原木材质为例进行说明，有木材天然的纹理，表面比较光滑，但也保留了一定的纹理凹凸，高光大小属于中等水平，模糊反射，根据这些特点来模拟原木材质。在"材质编辑器"中新建一个 VRayMtl 材质球，具体参数设置如图 1-48 所示，材质球效果如图 1-49 所示，实际渲染效果如图 1-50 所示。

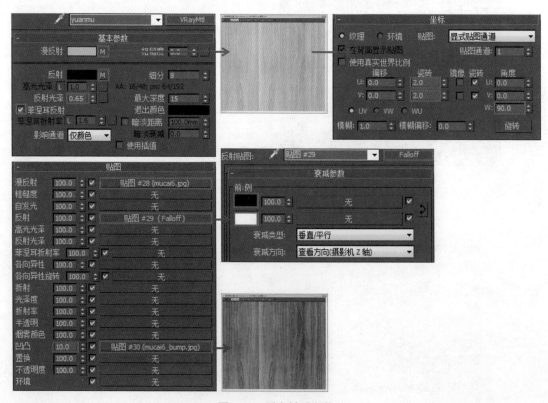

图 1-48　原木材质参数

图 1-49　原木材质球效果　　　　　　图 1-50　原木材质渲染效果

（1）在"漫反射"贴图通道中加载一张原木位图，设置 U、V 方向的"平铺"为 2、W 方向的"角度"为 90，模拟原木的颜色、纹理以及纹理的方向。

（2）在"反射"贴图通道中加载一张"衰减"程序贴图，设置"前"颜色为纯黑色、"侧"颜色为纯白色；设置"反射光泽"为 0.65，默认情况下"高光光泽"和"反射光泽"一起关联控制，勾选"菲涅耳反射"复选项，表现真实世界中的菲涅耳反射现象，模拟原木的高光和模糊反射。

（3）打开"贴图"卷展栏，在"凹凸"贴图通道中加载一张木材纹理凹凸位图，设置"强度"为 10，模拟原木材质或多或少会有的凹凸感。

1.5.6　沙发材质

前面的原木材质已经详细介绍了沙发的支架，所以现在主要分析沙发布和抱枕。北欧风格沙发布料的选择也是非常有讲究的，通常是棉布，颜色偏爱白色、米色、浅蓝、灰色、黑色。

1.　沙发布材质

场景中的沙发布为灰色，有棉布的纹理，基本没有反射现象，表面柔软而粗糙，根据这些特点来模拟沙发布材质。在"材质编辑器"中新建一个 VRayMtl 材质球，具体参数设置如图 1-51 所示，材质球效果如图 1-52 所示，实际渲染效果如图 1-53 所示。

（1）在"漫反射"贴图通道中加载一张布纹位图，设置 U、V 方向的"平铺"为 5，模拟布料的颜色和图案。

（2）打开"贴图"卷展栏，由于沙发布柔软而粗糙，不会绝对平整而有一些大的褶皱，同时还具有那种细密的针织纹理，所以在"凹凸"贴图通道中加载一张"混合"程序贴图，在"颜色 #1"通道中加载一张大褶皱的位图，设置 U、V 方向的"平铺"为 0.5；在"颜色 #2"通道中加载一张细密针织纹理的位图，设置 U、V 的"平铺"为 0.5；设置"混合量"为 40，按照"颜色 #2"占 40% 的比例进行混合，以此模拟布料既有褶皱又有本身针织纹理的感觉。返回"贴图"卷展栏，设置凹凸的"强度"为 90，表现布料的粗糙。

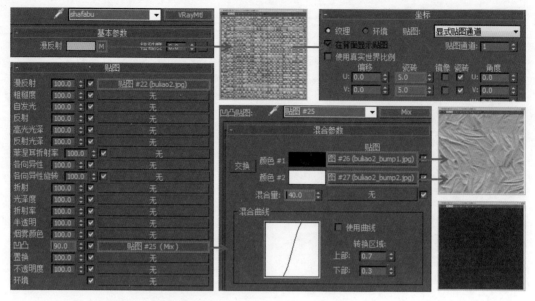

图 1-51　沙发布材质参数

图 1-52　沙发布材质球效果

图 1-53　沙发布材质渲染效果

2. 抱枕材质

抱枕既可以增强舒适的体感，又能起到很好的装饰作用。抱枕布料和沙发布有相似的地方，如基本没有反射现象，表面柔软而粗糙，区别则在于抱枕布料略带一点细绒的感觉，为了更好地点缀沙发，采用了多种黑白几何图案，根据这些特点来模拟抱枕材质。在"材质编辑器"中新建一个 VRayMtl 材质球，具体参数设置如图 1-54 所示，材质球效果如图 1-55 所示，实际渲染效果如图 1-56 所示。

（1）在"漫反射"贴图通道中加载一张黑白几何图案位图，模拟抱枕布料的颜色和图案。

（2）打开"贴图"卷展栏，在"凹凸"贴图通道中加载一张绒布凹凸位图，设置"强度"为 30，模拟抱枕表面细绒的凹凸效果。

（3）其余抱枕只需要将"漫反射"贴图通道中的位图图案换一下，营造出多样变化的效果。

图 1-54 抱枕材质参数

图 1-55 抱枕材质球效果

图 1-56 抱枕材质渲染效果

1.5.7 铸铁材质

带有原始质感的铁艺也是北欧风格常用的装饰材料。场景中玻璃栏杆的边框、柜体的五金件、吧凳的支架等都使用了铸铁材质。铸铁本身通常为黑色，有反射但反射强度不大，有较大区域的高光，反射效果比较模糊，表面常有刮痕，根据这些特点来模拟铸铁材质。在"材质编辑器"中新建一个 VRayMtl 材质球，具体参数设置如图 1-57 所示，材质球效果如图 1-58 所示，实际渲染效果如图 1-59 所示。

（1）设置"漫反射"颜色为黑色（红：0，绿：0，蓝：0），模拟铸铁的颜色。

（2）在"反射"贴图通道中加载一张铸铁反射位图，表现铸铁较弱的反射强度；在"反射光泽"贴图通道中加载同一张位图，默认情况下"高光光泽"和"反射光泽"一起关联控制，表现较大区域的高光和模糊反射；勾选"菲涅耳反射"复选项，设置"细分"为 15，增强真实感和细腻感。

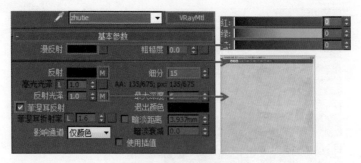

图 1-57 铸铁材质参数

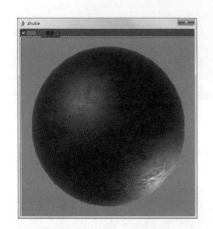

图 1-58 铸铁材质球效果

图 1-59 铸铁材质渲染效果

1.5.8 地毯材质

黑与白是北欧风格经典的色彩搭配，在纯净的白色中用黑色点缀，采用黑白条纹地毯能够在微冷的北欧风格中创造出活泼明亮的氛围。地毯基本没有反射现象，却有着明显的凹凸效果，其中黑色条纹处为细绒的织布，白色条纹处则是非常明显的短而粗的绒毛。为了能表现出黑白条纹不同的材质，分别为地毯模型设置了不同的 ID 值，即模型中白色条纹对应的 ID 值为 1，黑色条纹对应的 ID 值为 2。然后使用 VR 毛皮来表现地毯白色条纹处柔软而舒适的绒毛。

对于这里使用的 VR 毛皮单独讲解一下，以便大家理解和掌握。

（1）在视图中选择地毯模型。

（2）在创建面板中选择"VR- 毛皮"，如图 1-60 所示。

（3）切换到修改面板，调整 VR 毛皮的各项参数，设置"长度"为 15mm，表现较短的毛发；设置"厚度"为 1.5mm，表现较粗的毛发；设置"重力"为 -2.1mm，表现毛发受重力影响的情况，负值表示重力方向向下；设置"弯曲"为 1，表现毛发的弯曲程度，值越大越弯曲；在"分布"参数栏里，选择了按"每个面"来分布毛发的数量，值越大毛发越密；在"放置"参数栏里，选择了在"材质 ID"值为 1 上产生毛发，也就是在地毯白色条纹处产生毛发，具体参数设置如图 1-61 所示。

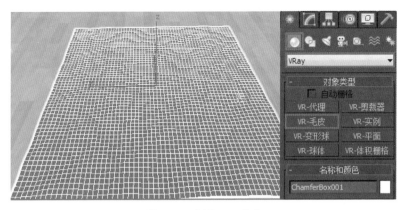

图 1-60　创建 VR 毛皮

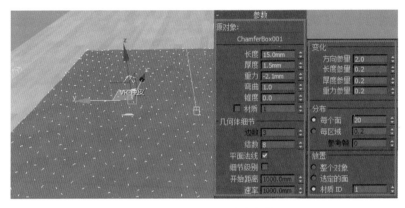

图 1-61　设置 VR 毛皮参数

通过 VR 毛皮为地毯白色条纹处模拟出比较短而粗的柔软、舒适的绒毛后需要再给地毯模型整体指定一个材质。在"材质编辑器"中新建一个 VRayMtl 材质球，具体参数设置如图 1-62 所示，材质球效果如图 1-63 所示，实际渲染效果如图 1-64 所示。

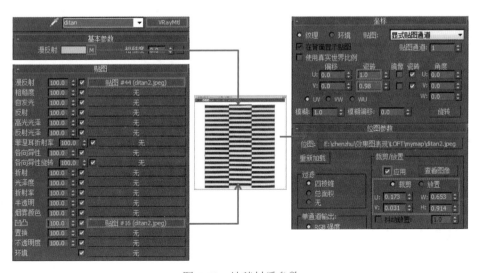

图 1-62　地毯材质参数

图 1-63　地毯材质球效果　　　　　　　　图 1-64　地毯材质渲染效果

（1）在"漫反射"贴图通道中加载一张黑白条纹布料位图，对该位图进行适当裁剪，设置 U、V 方向的"平铺"分别为 1 和 0.98，模拟地毯的颜色和图案。

（2）打开"贴图"卷展栏，在"凹凸"贴图通道中加载一张与"漫反射"贴图通道中相同的位图，设置"强度"为 100，表现出细绒织布的表面效果。

1.5.9　陶瓷材质

陶瓷的使用非常频繁，比如花瓶、餐具等。陶瓷具有明亮的光泽，它的表面光洁均匀、晶莹滋润，根据这些特点来模拟陶瓷材质。在"材质编辑器"中新建一个 VRayMtl 材质球，具体参数设置如图 1-65 所示，材质球效果如图 1-66 所示，实际渲染效果如图 1-67 所示。

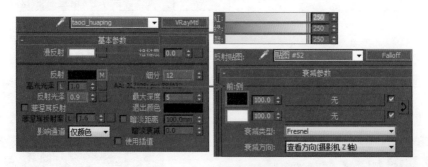

图 1-65　陶瓷材质参数

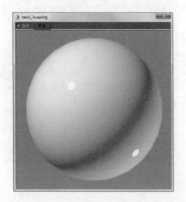

图 1-66　陶瓷材质球效果　　　　　　　　图 1-67　陶瓷材质渲染效果

（1）设置"漫反射"颜色为（红：250，绿：250，蓝：250），接近纯白色，模拟陶瓷的颜色。

（2）在"反射"贴图通道中加载一张"衰减"程序贴图，设置"前"颜色为纯黑色、"侧"颜色为纯白色、"衰减类型"为 Fresnel，表现有较强的菲涅耳反射；设置"反射光泽"为0.9、"细分"为12，表现高光较小、反射模糊不强、光滑的陶瓷表面。

1.5.10 植物材质

植物材质的设置相对比较简单，主要是植物的类型和要表达的气氛相吻合即可。场景中选择了多样小巧的植物，其绿色的枝叶、黄色的花朵这些少量鲜艳的颜色很好地点缀着空间。这里以黄色郁金香为例进行植物材质的说明，主要分为枝叶和花朵两大部分。

1. 叶子材质

叶子有天然的纹理，并且这些纹理呈现出相应的凹凸，高光大小属于中等水平，模糊反射，根据这些特点来模拟叶子材质。在"材质编辑器"中新建一个 VRayMtl 材质球，具体参数设置如图 1-68 所示，材质球效果如图 1-69 所示。

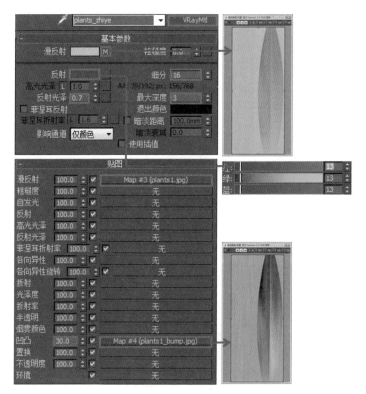

图 1-68　叶子材质参数

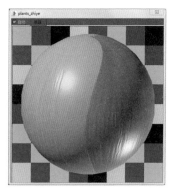

图 1-69　叶子材质球效果

（1）在"漫反射"贴图通道中加载一张叶子位图，模拟叶子的颜色和纹理。

（2）设置"反射"颜色为（红：13，绿：13，蓝：13），表现叶子比较弱的反射特点；设置"反射光泽"为 0.7，表现较细腻的叶子中等大小的高光和反射模糊；设置"细分"为 16、"最大深度"为 3，"细分"值设为 16 已经能够体现细腻的效果，"最大深度"值为 3 可以提高渲染速度，但对最终效果影响不大。

（3）打开"贴图"卷展栏，在"凹凸"贴图通道中加载一张叶子凹凸位图，设置"强度"为 30，表现叶子表面纹理的凹凸质感。

2. 花朵材质

花朵的花瓣也是有颜色和脉络纹理的，较柔软的质地使其具有较大的高光和模糊的反射，根据这些特点来模拟花朵材质。在"材质编辑器"中新建一个 VRayMtl 材质球，具体参数设置如图 1-70 所示，材质球效果如图 1-71 所示，实际渲染效果如图 1-72 所示。

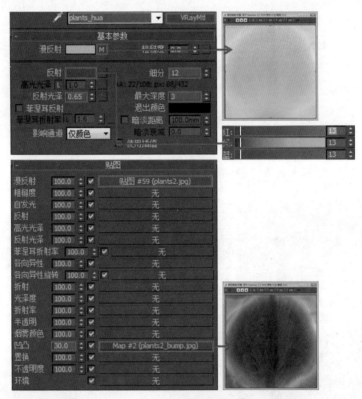

图 1-70　花朵材质参数

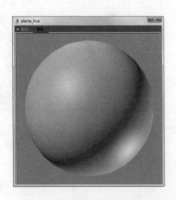

图 1-71　花朵材质球效果

图 1-72　植物材质渲染效果

（1）在"漫反射"贴图通道中加载一张花瓣位图，模拟花瓣的颜色和纹理。

（2）设置"反射"颜色为（红：13，绿：13，蓝：13），表现花瓣比较弱的反射特点；设置"反射光泽"为0.65、细分为12，这是因为花瓣比叶子柔软，其高光区域更大、反射模糊更明显；设置"细分"为12、"最大深度"为3。

（3）打开"贴图"卷展栏，在"凹凸"贴图通道中加载一张花瓣凹凸位图，设置"强度"为30，表现花瓣表面纹理的凹凸质感。

1.5.11 挂画材质

挂画包含了两种不同的材质，所以分别为挂画模型设置了不同的ID值，即镶边塑料部分对应的ID值为1，中间画的部分对应的ID值为2。镶边塑料的颜色比较接近纯黑色，表面光滑，高光相对比较小，有一定的模糊反射，具有菲涅耳反射现象；中间画的部分直接使用多张不同的与场景风格相符的图片即可，根据这些特点来模拟挂画材质。在"材质编辑器"中新建一个Multi/Sub-Object（多维/子对象）材质球，具体参数设置如图1-73所示，材质球效果如图1-74所示，实际渲染效果如图1-75所示。

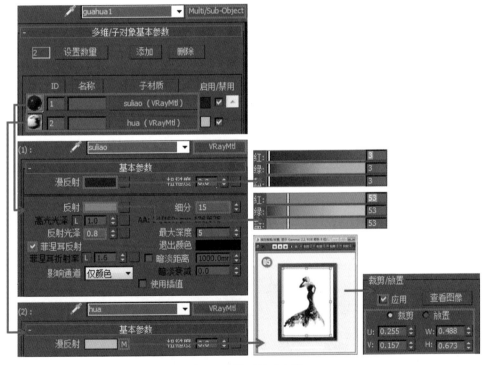

图 1-73 挂画材质参数

（1）为ID1新建一个VRayMtl材质球。

（2）设置"漫反射"颜色为（红：3，绿：3，蓝：3），接近纯黑色，模拟镶边塑料的颜色。

（3）设置"反射"颜色为（红：53，绿：53，蓝：53）、"反射光泽"为0.8，默认情况下"高光光泽"和"反射光泽"一起关联控制，表现出相对光滑的塑料表面上较小的高光和一定的模糊反射；勾选"菲涅耳反射"复选项，因为塑料是存在菲涅耳反射现象的；设置"细分"为15，这是为了让模糊没有杂点，看上去更细腻。

图 1-74　挂画材质球效果

图 1-75　挂画材质渲染效果

（4）为 ID2 新建一个 VRayMtl 材质球。

（5）在"漫反射"贴图通道中加载一张图画的位图，对该位图进行适当裁剪，表现挂画中间具体图画的内容。

至此，客厅场景中的主要材质已经介绍完了，对于其他未讲解的材质，读者可参考以上讲述的各种不同物体的材质设置方法进行模拟。

1.6　最终渲染

当构图、灯光、材质都处理好以后，就将渲染最终效果图。下面在测试渲染的基础上设置成品参数，开始最终渲染。需要注意的是，这里给出的成品渲染参数只是给读者一个参考，在商业效果图中，质量和速度一直是大家关注的问题，建议读者权衡两者，选择一个折中的参数进行最终渲染。

（1）按 F10 键打开"渲染设置"对话框，单击"公用"选项卡，设置"宽度"为1500、"高度"为 2000，如图 1-76 所示。

图 1-76　设置公用参数

（2）单击 V-Ray 选项卡，打开"全局开关"卷展栏，切换到"专家模式"，设置"二次光线偏移"为 0.001，防止重面产生的错误，如图 1-77 所示。

（3）打开"图像采样器（抗锯齿）"卷展栏，设置"图像采样器"的"类型"为自适应细分、"过滤器"为 Catmull-Rom，如图 1-78 所示。

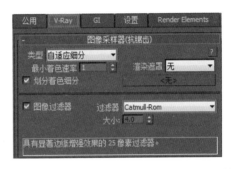

图 1-77　设置"全局开关"参数　　　图 1-78　设置"图像采样器（抗锯齿）"参数

（4）打开"全局确定性蒙特卡洛"卷展栏，切换到"高级模式"，设置"最小采样"为 20、"自适应数量"为 0.72、"噪波阈值"为 0.008，如图 1-79 所示。

图 1-79　设置"全局确定性蒙特卡洛"参数

（5）单击 GI 选项卡，打开"发光图"卷展栏，设置"当前预设"为中、"细分"为 60、"插值采样"为 30，如图 1-80 所示。

（6）打开"灯光缓存"卷展栏，设置"细分"为 1200，如图 1-81 所示。

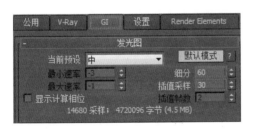

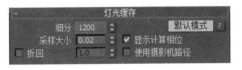

图 1-80　设置"发光图"参数　　　图 1-81　设置"灯光缓存"参数

（7）按 C 键切换到摄影机视图，按快捷键 Shift+Q 渲染场景，如图 1-82 所示。

图 1-82　最终渲染效果

本章小结

本章以北欧风格客厅——午后阳光表现为例，按照项目的真实流程对其风格特点、LWF 线性工作流渲染模式、场景构图、灯光布置、材质模拟、渲染进行了详细介绍。北欧风格以简约著称，具有浓厚的后现代主义特色，注重流畅的线条设计，代表了一种时尚、回归自然、崇尚原木韵味，外加现代、实用、精美的艺术设计风格，正反映出现代都市人进入新时代的某种取向与旋律。采用纵向场景构图展示狭长的客厅空间；使用 VR 太阳模拟太阳光，使用 VR 天空模拟自然天光，表现下午时分的阳光效果；使用目标灯光模拟筒灯，使用 VR 球体灯光模拟落地灯，突出局部场景，增强灯光的层次感。对墙体乳胶漆、白色砖墙、木地板、白漆、原木、沙发、铸铁、地毯、陶瓷、植物、挂画等材质进行模拟，营造出流畅而自然的北欧风格。

课后习题

一、选择题

1．LWF 线性工作流渲染模式的 Gamma 值应该设置为（　　）。
　　A．1.0　　　　　　B．1.5　　　　　　C．2.0　　　　　　D．2.2
2．激活安全框的快捷键是（　　）。
　　A．Shift+F　　　　B．Alt+W　　　　　C．F10　　　　　　D．M
3．下面属于光度学灯光的是（　　）。
　　A．VR-太阳　　　　　　　　　　　　B．目标灯光
　　C．自由灯光　　　　　　　　　　　　D．mr天空入口
4．打开"材质编辑器"的快捷键是（　　）。
　　A．P　　　　　　　B．M　　　　　　　C．T　　　　　　　D．F
5．下面通过贴图的黑白数值控制对象表面光滑程度的贴图通道是（　　）。
　　A．自发光　　　　B．反射光泽　　　C．高光光泽　　　D．过滤色

二、简述题

1．制作效果图的过程主要包括哪几个阶段？
2．北欧风格的表现特点有哪些？

第2章
简欧风格厨房——阴天灯光表现

【学习目标】

- 了解简欧风格的特点。
- 掌握横向场景构图的技巧。
- 掌握半封闭空间阴天灯光的布光方法。
- 掌握简欧风格厨房主要材质的制作方法。
- 熟悉渲染参数的设置，能够灵活运用进行测试渲染和成品渲染。

2.1 项目介绍

　　本场景是一个半封闭的厨房空间，空间较方正，采用了 L 型＋中岛布局，把灶台和油烟机摆放在 L 型较长的一面，把水槽和一小组地柜摆在 L 型较短的且靠窗的一面，解决了转角的尴尬，对角落充分利用。同时设置了中岛，平时既可以储物、料理，又可以进行简单的就餐，减少了移动、存取和传递食物的距离，提高空间利用率，印证了美观与实用性共存。在阴天的氛围下，以室内吊灯、筒灯为主，以天光环境光为辅，烘托整体光效。本场景设计的是简欧风格，简欧风格就是简化了的欧式装修风格，也是目前住宅别墅装修最流行的风格。欧洲文化丰富的艺术底蕴，开放、创新的设计思想及其尊贵的姿容，一直以来颇受众人喜爱与追求。简欧风格从简单到繁杂、从整体到局部，精雕细琢、镶花刻金，都给人一丝不苟的印象。一方面保留了材质、色彩的大致风格，仍然可以很强烈地感受传统的历史痕迹与浑厚的文化底蕴，同时又摒弃了过于复杂的肌理和装饰，简化了线条。简欧风格常使用地板或者拼花的大理石地砖来传递它的气息，传承欧式浪漫、休闲、华丽大气的氛围，又注重实用性。家具与硬装修上的欧式细节应该是相称的，选择带有西方复古图案、线条以及非常西化的造型，实木边桌及餐桌椅都应该有着精细的曲线或图案，并不排斥描金、雕花甚至看起来较为隆重的样子，相反，这恰恰是风格所在。色彩的选择上，底色大多以白色、淡黄色为主，家具则是白色或深色均可，但是要成系列，风格统一为上。

2.2 场景构图

2.2.1 设置画面比例

本场景依然采用 LWF 渲染模式,第 1 章已经讲解过 LWF 模式的设置方法,这里不再赘述。打开"简欧风格厨房 .max"文件,为了能准确地取景,在创建摄影机前先对画面比例进行确定。这是一个较方正的厨房空间,除了柜体,有很多充满生活气息的厨具、餐具和食物,为了能更有效地彰显这些对象,此处选择了最自然的横构图的画面比例。

(1)在菜单栏中单击"渲染"→"渲染设置"命令,打开如图 2-1 所示的"渲染设置"对话框。

图 2-1 "渲染设置"对话框

(2)单击"公用"选项卡,设置"宽度"为 800、"高度"为 500,此时"图像纵横比"自动生成 1.6,单击锁定按钮将画面比例锁定,关闭对话框。

(3)选择透视图,按快捷键 Shift+F 激活"安全框",如图 2-2 所示,外面黄色边框内的区域就是最终渲染区域,此时的比例就是最终效果图的比例。

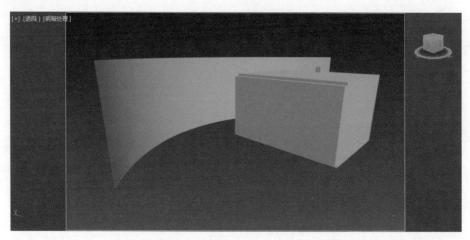

图 2-2　安全框中的画面比例

2.2.2　创建目标摄影机

设置好画面比例后开始创建摄影机，进行室内场景的取景。

（1）在创建面板中选择"目标"摄影机，在顶视图中拖拽光标创建一台摄影机，使摄影机在窗的对面向内拍摄，如图 2-3 所示。

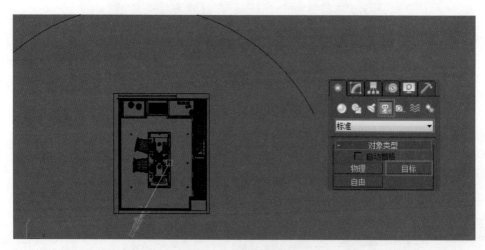

图 2-3　创建目标摄影机

（2）因为我们选择的是横构图，所以这里建议使用较大角度的视野来拍摄。选定摄影机，在修改面板中设置"镜头"为 24、"视野"为 73.74。此时因为摄像机的位置在墙外，只能拍摄到外墙，所以勾选"手动剪切"复选项，设置"近距剪切"为 1000mm、"远距剪切"为 9000mm，这样在近距剪切与远距剪切之间的景象可见，之外的则不可见，如图 2-4 所示。

（3）切换到摄影机视图，此时的拍摄效果如图 2-5 所示，摄影机的高度显然不对。

（4）切换到左视图，调整摄影机和目标点的位置，如图 2-6 所示，切换回摄影机视图，拍摄效果如图 2-7 所示。

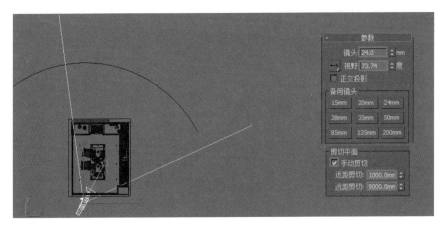

图 2-4　设置目标摄影机参数

图 2-5　摄影机高度不对的拍摄效果

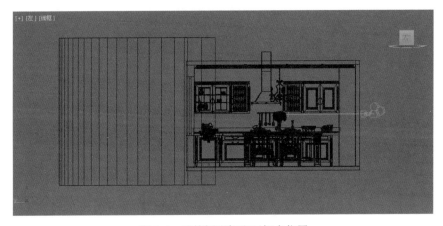

图 2-6　调整摄影机和目标点位置

图 2-7　调整好的拍摄效果

2.3　灯光布置

　　场景构图已经完成了，下面进行灯光布置。本实例表现的是阴天的灯光效果，将使用 VR 平面灯光来模拟自然天光，表现阴天氛围；使用 VR 网格灯光来模拟吊灯，使用目标灯光来模拟筒灯，表现室内局部照明。

2.3.1　设置天光

　　（1）在创建面板中选择"VR-灯光"的"平面"灯光，切换到后视图，在窗户处拖拽光标创建一盏灯光，调整大小与窗口大小吻合，如图 2-8 所示。

图 2-8　平面灯光在后视图中的位置

　　（2）切换到顶视图，调整平面灯光的位置，如图 2-9 所示。

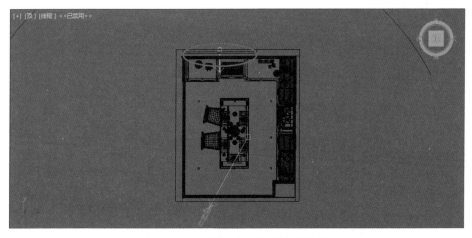

图 2-9　平面灯光在顶视图中的位置

（3）选定平面灯光，在修改面板中勾选"天光入口"和"简单"复选项，以平面光作为天光，取消勾选"影响高光"和"影响反射"复选项，如图 2-10 所示。

图 2-10　设置平面灯光参数

（4）因为创建了天光入口，所以需要根据阴天氛围来调整环境光颜色。在菜单栏中单击"渲染"→"环境"命令，打开"环境和效果"对话框，设置"颜色"为（红：175，绿：216，蓝：255），如图 2-11 所示。

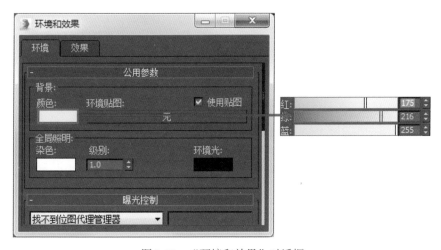

图 2-11　"环境和效果"对话框

2.3.2　设置窗外背景

按 M 键打开"材质编辑器"，新建一个 VR- 灯光材质的材质球，具体参数设置如图 2-12 所示，材质球效果如图 2-13 所示。

图 2-12　背景材质

图 2-13　背景材质球效果

（1）设置"强度"为 0.8，单击"颜色"右侧的"无"按钮加载一张背景位图，勾选"背面发光"复选项。

（2）将材质指定给场景中窗外的面片模型。

2.3.3　设置吊灯

当阴天的大体氛围把握好以后，需要对室内添加一些局部照明的灯光。这里用网格灯光来模拟吊灯，这样既能保持灯光的形状，又能保证亮度适宜。

（1）切换到透视图，选择场景中的吊灯，按快捷键 Alt+Q 孤立当前选择，将吊灯模型独立显示，如图 2-14 所示。

（2）在创建面板中选择"VR- 灯光"在当前独立显示的场景中创建一盏灯光，任意位置均可，如图 2-15 所示。

图 2-14　孤立吊灯模型

图 2-15　创建 VR- 灯光

（3）选定 VR- 灯光，在修改面板中将"类型"改为网格，视图中的灯光图示变为球形，单击"拾取网格"按钮，在视图中选择灯泡模型，如图 2-16 所示。

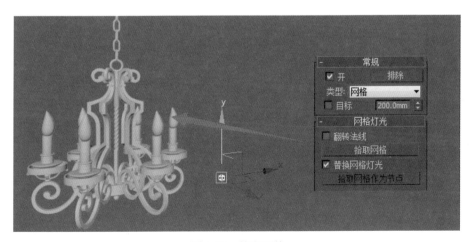

图 2-16　拾取网格

（4）拾取网格后，原来的灯光图示消失，灯泡模型变为网格灯光，如图 2-17 所示。

图 2-17　网格灯光

（5）选定网格灯光，在修改面板中设置"倍增"为80、"颜色"为（红：252，绿：233，蓝：213），这里设置的灯光颜色和前面设置的天光颜色是不同的，略偏黄的颜色更符合简欧风格，也有助于表现厨房的温馨感，如图 2-18 所示。

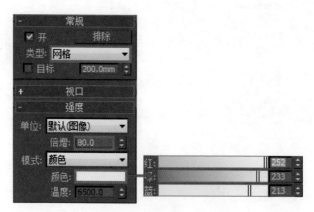

图 2-18　设置网格灯光参数

2.3.4　设置筒灯

为了保障厨房有足够的光照，同时也使灯光效果更加丰富，下面将按照真实的灯光位置在天花四周进行筒灯布光。

（1）在创建面板中选择"目标灯光"，切换到左视图，在天花灯筒处从上到下拖拽光标创建一盏灯光，如图 2-19 所示。

（2）切换到顶视图，将"过滤器"设置为 L- 灯光，框选目标灯光并将其移动到筒灯处，如图 2-20 所示。

（3）框选目标灯光，将它以"实例"的形式复制 6 盏，分别移动到另外 6 个筒灯位置处，如图 2-21 所示。

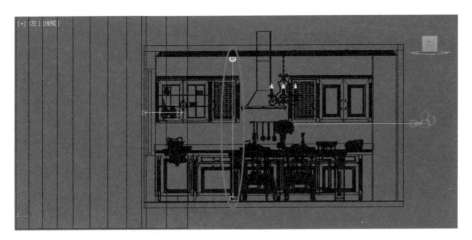

图 2-19　创建筒灯光源

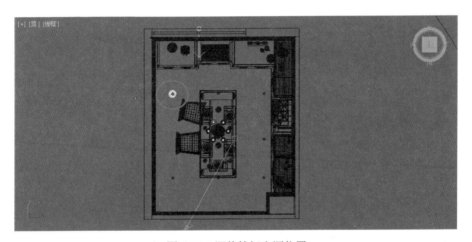

图 2-20　调整筒灯光源位置

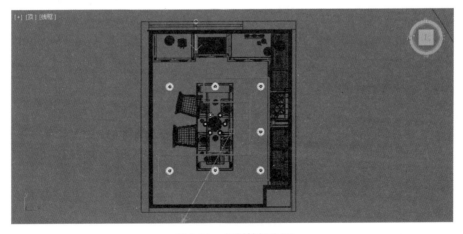

图 2-21　复制筒灯光源

（4）选定一盏目标灯光，在修改面板中设置"阴影类型"为 VR- 阴影、"灯光分布（类

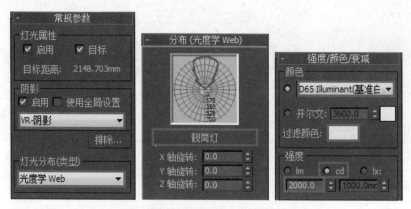

型)"为光度学 Web，在"分布 (光度学 Web)"中加载"靓筒灯 .ies"文件，设置"颜色"为 D65 Illuminant(基准白色)、"过滤颜色"为（红：252，绿：233，蓝：213），"强度"为 2000cd，如图 2-22 所示。

图 2-22　设置筒灯光源参数

2.3.5　设置抽油烟机照明灯

现在的抽油烟机一般都具备照明功能，为烹饪带来方便。下面进行抽油烟机照明灯的布光，增强灶台和炊具的表现力。

（1）在创建面板中选择"目标灯光"，切换到左视图，在抽油烟机下方从上到下拖拽光标创建一盏灯光，如图 2-23 所示。

图 2-23　创建抽油烟机照明灯光源

（2）切换到顶视图，将"过滤器"设置为 L- 灯光，框选目标灯光并将其移动到抽油烟机照明灯处，如图 2-24 所示。

（3）框选目标灯光，将它以"实例"的形式复制一盏，移动到抽油烟机另外一个照明灯位置处，如图 2-25 所示。

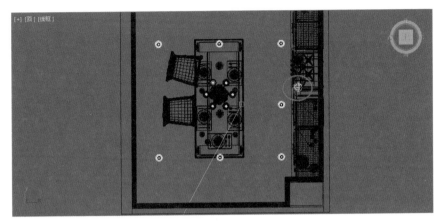

图 2-24   调整抽油烟机照明灯光源位置

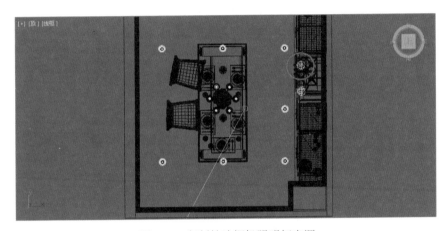

图 2-25   复制抽油烟机照明灯光源

（4）选定一盏目标灯光，在修改面板中设置"阴影类型"为 VR- 阴影、"灯光分布 (类型)"为光度学 Web，在"分布 (光度学 Web)"中加载"壁灯超绝 .ies"文件，设置"颜色"为 D65 Illuminant(基准白色)、"过滤颜色"为（红 : 252，绿 : 233，蓝 : 213)，"强度"为 500cd，如图 2-26 所示。

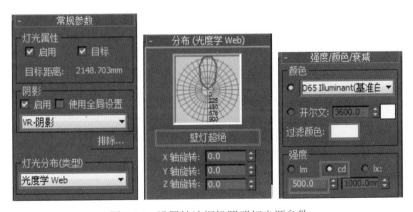

图 2-26   设置抽油烟机照明灯光源参数

2.3.6 测试渲染

灯光布置后显然要进行测试渲染才能知道灯光的颜色、强度、位置是否合适，是否有曝光问题等。下面设置测试参数，开始测试渲染。

（1）按 F10 键打开"渲染设置"对话框，在设置画面比例的时候已经设置了"宽度"为 800、"高度"为 500，锁定"图像纵横比"为 1.6，这个图像大小比较适合测试图的大小，所以此处保持不变。

（2）单击 V-Ray 选项卡，打开"图像采样器（抗锯齿）"卷展栏，设置"图像采样器"的"类型"为自适应，勾选"图像过滤器"复选项，设置"过滤器"为区域，如图 2-27 所示。

图 2-27　设置"图像采样器（抗锯齿）"参数

（3）单击 GI 选项卡，打开"全局照明"卷展栏，勾选"启用全局照明"复选项，设置"首次引擎"为发光图、"二次引擎"为灯光缓存；打开"发光图"卷展栏，设置"当前预设"为非常低、"细分"为 20、"插值采样"为 20；打开"灯光缓存"卷展栏，设置"细分"为 300，如图 2-28 所示。

（4）按 C 键切换到摄影机视图，按快捷键 Shift+Q 渲染场景，如图 2-29 所示。

图 2-28　设置 GI 参数

图 2-29　灯光测试渲染

（5）可以使用"颜色贴图"来处理曝光。按F10键打开"渲染设置"对话框，单击V-Ray选项卡，打开"颜色贴图"卷展栏，设置"类型"为莱因哈德、"加深值"为0.9，莱因哈德是线性倍增和指数相混合的模式，如果加深值为1.0，则结果是线性颜色贴图，如果加深值为0.0，则结果是指数颜色贴图；设置"倍增"为1.5，提高图片亮度，如图2-30所示。

图2-30　设置"颜色贴图"参数

（6）切换到摄影机视图，按快捷键Shift+Q渲染场景，此时场景中的曝光就正常了，如图2-31所示。

图2-31　灯光最终测试渲染

2.4　材质模拟

本节将对简欧风格厨房场景中一些常见材质的设置方法进行介绍，如乳胶漆、墙砖、拼花地砖、橱柜、大理石台面、餐椅、不锈钢、陶瓷、银器、竹篓、柠檬、玫瑰、玻璃、镀金等。

2.4.1　天花乳胶漆材质

简欧风格的天花乳胶漆带点淡淡的黄色，表面有点粗糙，有反射能力但不能成像，根据这些特点来模拟天花乳胶漆材质。按 M 键打开"材质编辑器"，新建一个 VRayMtl 材质球，具体参数设置如图 2-32 所示，材质球效果如图 2-33 所示，实际渲染效果如图 2-34 所示。

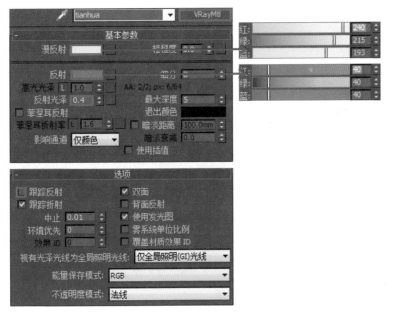

图 2-32 天花乳胶漆材质参数

图 2-33 天花乳胶漆材质球效果

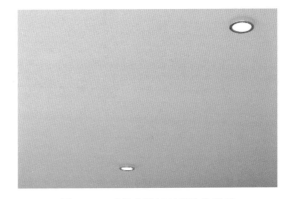

图 2-34 天花乳胶漆材质渲染效果

（1）设置"漫反射"颜色为（红：240，绿：215，蓝：193），就是那种淡淡的黄色。

（2）设置"反射"颜色为（红：40，绿：40，蓝：40），表现天花有点粗糙而反射较弱的特点；设置"反射光泽"为 0.4，默认情况下"高光光泽"和"反射光泽"一起关联控制，表现墙面反射模糊、高光较大的特点。

（3）打开"选项"卷展栏，取消勾选"跟踪反射"复选项，使天花反射不成像。

（4）将材质指定给天花模型。

2.4.2 厨房墙砖材质

烹饪、料理是厨房的主要功能，其墙面材料的选择要考虑到防水、防污，因而一般不会使用乳胶漆、墙纸，而常使用光滑釉面的瓷砖。本场景还铺设了腰线，环绕在墙砖中央，为单调的墙面增色，从整体到局部给人欧式风格的精致印象。

1. 墙砖材质

墙砖有土黄色的石材纹理，表面光滑，反射强度较大，但非镜面反射，高光效果较强，墙砖是铺砌到墙面上的，所以有平铺和缝隙，根据这些特点来模拟墙砖材质。在"材质编辑器"中新建一个 VRayMtl 材质球，具体参数设置如图 2-35 所示，材质球效果如图 2-36 所示，实际渲染效果如图 2-37 所示。

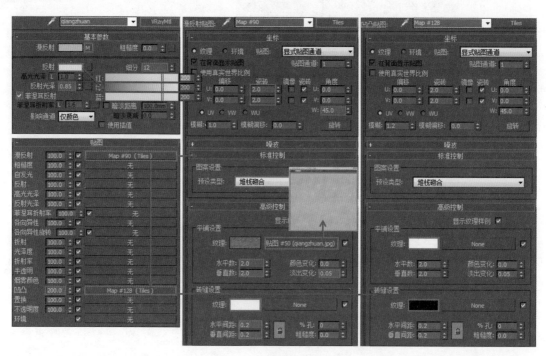

图 2-35　墙砖材质参数

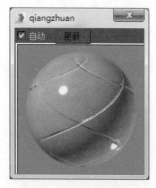

图 2-36　墙砖材质球效果

图 2-37　墙砖材质渲染效果

（1）在"漫反射"贴图通道中加载一张"平铺"程序贴图，模拟墙砖的颜色、花纹和平铺效果。使用"平铺"程序贴图，可以创建砖、彩色瓷砖或贴图，能通过"材质编辑器"

指定多个可以使用的贴图,加载纹理并在图案中使用颜色,控制行和列的瓷砖数,控制砖缝间距的大小及其粗糙度,在图案中应用随机变化,通过移动来对齐瓷砖,以控制堆垛布局。通常有很多定义的建筑砖块图案可以使用,但也可以设计一些自定义的图案。

(2)打开"标准控制"卷展栏,设置"预设类型"为堆栈砌合。打开"高级控制"卷展栏,在"平铺设置"中,为"纹理"通道加载一张墙砖位图,模拟墙砖的颜色、花纹,设置"水平数"为2、"垂直数"为2、"淡出变化"为0.05,模拟平铺效果;在"砖缝设置"中,设置"纹理"颜色为(红:240,绿240,蓝:240)、"水平间距"为0.2、"垂直间距"为0.2,模拟砖缝效果。打开"坐标"卷展栏,设置U、V方向的"瓷砖"为2、W方向的"角度"为45,模拟墙砖的大小和斜铺的方向。

(3)返回上一级,设置"反射"颜色为(红:200,绿:200,蓝:200)、"细分"为12、"反射光泽"为0.85,默认情况下"高光光泽"和"反射光泽"一起关联控制,勾选"菲涅耳反射"复选项,表现真实而清晰的反射较强、高光面积较小的光滑的墙砖表面。

(4)打开"贴图"卷展栏,将"漫反射"贴图通道中的"平铺"贴图拖拽复制到"凹凸"贴图通道中,设置"强度"为200。因为"凹凸"贴图中白色部分在视觉上产生凸出效果,黑色部分产生凹陷效果,所以单击"凹凸"贴图通道,对其加载的"平铺"程序贴图进行修改,将"平铺设置"中的"纹理"颜色改为白色(红:255,绿:255,蓝:255)、"砖缝设置"中的"纹理"颜色改为黑色(红:0,绿:0,蓝:0),模拟墙砖之间产生的缝隙。

2. 腰线材质

欧式风格的精致在局部细节上随处可见,墙砖中央环绕着一圈腰带,材料和墙砖类似,但有着非常西化的图案和不同的反射效果,根据这些特点来模拟腰线材质。在"材质编辑器"中新建一个VRayMtl材质球,具体参数设置如图2-38所示,材质球效果如图2-39所示,实际渲染效果如图2-40所示。

(1)在"漫反射"贴图通道中加载一张腰线砖位图,模拟腰线砖的颜色、图案。

(2)设置"反射"颜色为(红:50,绿:50,蓝:50),表现出腰线砖比墙砖较弱的反射能力;设置"高光光泽"为0.7、"反射光泽"为0.75、"细分"为12,勾选"菲涅耳反射"复选项,表现腰线砖适中的高光和模糊成像效果。

(3)打开"贴图"卷展栏,在"凹凸"贴图通道中加载一张腰线砖凹凸位图,设置"强度"为200,表现出腰线砖上西化图案非常强烈的凹凸感。

2.4.3　拼花地砖材质

简欧风格常使用拼花的大理石地砖来传递它的气息,传承欧式浪漫、休闲、华丽大气的氛围。地砖有米黄色的大理石纹理和深咖色的拼花,表面较光滑,反射没有墙砖强烈,符合菲涅耳反射,有较小的高光,同时带有一点模糊反射,采用斜铺的方式进行拼接,根据这些特点来模拟拼花地砖材质。在"材质编辑器"中新建一个VRayMtl材质球,具体参数设置如图2-41所示,材质球效果如图2-42所示,实际渲染效果如图2-43所示。

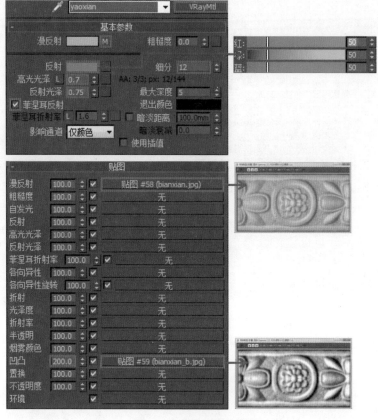

图 2-38　腰线材质参数

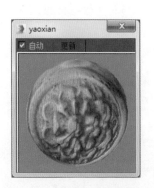

图 2-39　腰线材质球效果图

图 2-40　腰线材质渲染效果

　　（1）在"漫反射"贴图通道中加载拼花大理石位图，模拟拼花地砖的颜色和图案；设置 U、V 方向的"瓷砖"为 6、W 方向的"角度"为 45，模拟地砖的大小和斜铺方向。

　　（2）设置"反射"颜色为（红：55、绿：55、蓝：55）、"细分"为 12、"反射光泽"为 0.85，默认情况下"高光光泽"和"反射光泽"一起关联控制，勾选"菲涅耳反射"复选项，模拟细腻而真实的高光和模糊反射。

　　（3）打开"贴图"卷展栏，在"凹凸"贴图通道中加载一张地砖凹凸位图，设置 U、

V 方向的"瓷砖"为 6、W 方向的"角度"为 45；返回"贴图"卷展栏，设置"强度"为 60，模拟斜铺地砖之间的缝隙。

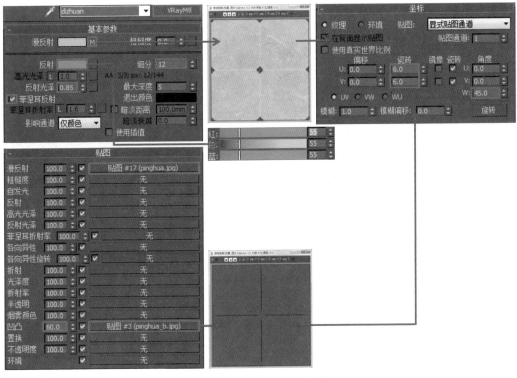

图 2-41 拼花地砖材质参数

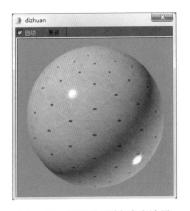

图 2-42 拼花地砖材质球效果

图 2-43 拼花地砖材质渲染效果

2.4.4 橱柜材质

橱柜由柜体本身和用于开启柜体的金属拉手组成。

1. 实木柜体材质

实木橱柜表面的木纹比较清晰，凹凸效果不是很明显，表面涂漆，所以有反射强度，高光大小属于中上水平，反射有一定的模糊程度，且满足菲涅耳反射，根据这些特点来模拟柜体材质。在"材质编辑器"中新建一个 VRayMtl 材质球，具体参数设置如图 2-44 所示，材质球效果如图 2-45 所示，实际渲染效果如图 2-46 所示。

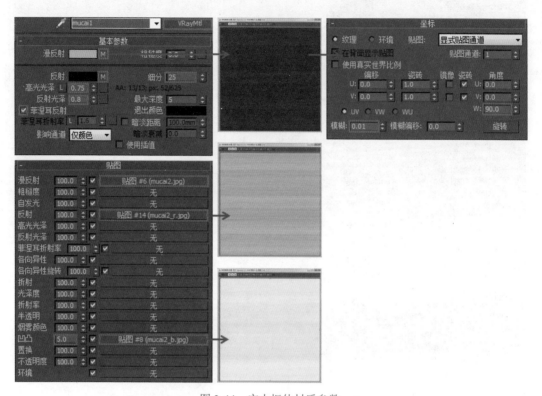

图 2-44　实木柜体材质参数

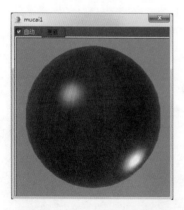

图 2-45　实木柜体材质球效果

图 2-46　实木柜体材质渲染效果

（1）在"漫反射"贴图通道中加载一张实木位图，设置 W 方向的"角度"为 90，模拟实木的颜色、纹理以及纹理的方向；设置"模糊"值为 0.01，让纹理渲染更清晰。

（2）在"反射"贴图通道中加载一张实木反射位图，设置"高光光泽"为 0.75，表现中上水平的高光；设置"反射光泽"为 0.8，表现相对模糊的反射；设置"细分"为

25，让木纹表面渲染出来没有杂点；勾选"菲涅耳反射"复选项，表现真实的反射现象。

（3）打开"贴图"卷展栏，在"凹凸"贴图通道中加载一张实木凹凸位图，设置"强度"为5，表现非常轻微的木纹凹凸。

2. 黑金拉手材质

拉手表面镀金中混合着黑色做旧，在华丽中透着自然，有较大区域的高光，反射效果比较模糊，根据这些特点来模拟黑金拉手材质。在"材质编辑器"中新建一个 VRayMtl 材质球，具体参数设置如图 2-47 所示，材质球效果如图 2-48 所示，实际渲染效果如图 2-49 所示。

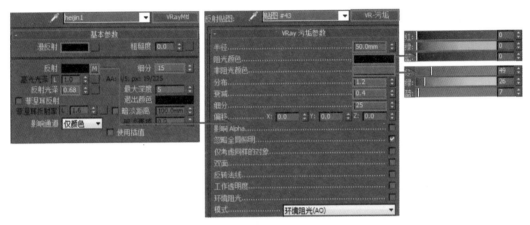

图 2-47　黑金拉手材质参数

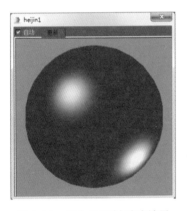

图 2-48　黑金拉手材质球效果

图 2-49　黑金拉手材质渲染效果

（1）设置"漫反射"颜色为黑色（红：0，绿：0，蓝：0），可以理解为黑金反射强而使得漫反射不明显，将漫反射颜色设为黑色，让反射更干净。

（2）在"反射"贴图通道中加载一张"VR- 污垢"程序贴图。污垢程序贴图能够基于物体表面的凹凸细节混合任意两种颜色和纹理。从模拟陈旧、受侵蚀的材质到脏旧置换的运用，它有非常多的用途。

（3）打开"VRay 污垢参数"卷展栏，设置"半径"为50mm，通常污垢从沟壑和纹理开始侵蚀物体，这个值控制着污垢侵蚀的半径，随着半径设置值的增大，污垢的扩散范围也随之增大；设置"阻光颜色"为黑色（红：0，绿：0，蓝：0）、"非阻光颜色"为金色（红：49，绿：26，蓝：7）；设置"分布"为1.2，这个值控制着污垢扩散的范围，随着值的增大，污垢的扩散范围随之减小，同时污垢被减弱；设置"衰减"为0.4，通过设置这个值可以人为地对污垢进行削弱，值越大，污垢越少；设置"细分"为25，这个值控制着污垢的品质，值越大，品质越好，噪点越少，耗时越长。

（4）返回上一级，设置"反射光泽"为0.68，默认情况下"高光光泽"和"反射光泽"一起关联控制，表现较大区域的高光和模糊反射；设置"细分"为15，表现细腻的渲染效果。

2.4.5　大理石台面材质

石材常用于厨房空间的台面制作，常见的有大理石和花岗岩，本场景中 L 型地柜和中岛的台面都采用了大理石。大理石台面表面光滑，米白色中带有石材的天然纹理，符合菲涅耳反射，反射清晰，高光效果强，根据这些特点来模拟大理石台面材质。在"材质编辑器"中新建一个 VRayMtl 材质球，具体参数设置如图 2-50 所示，材质球效果如图 2-51 所示，实际渲染效果如图 2-52 所示。

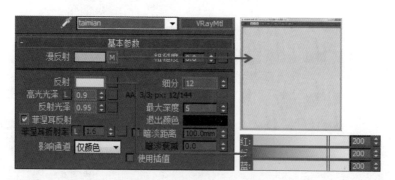

图 2-50　大理石台面材质参数

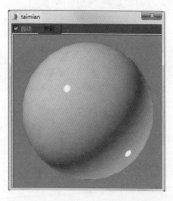

图 2-51　大理石台面材质球效果

图 2-52　大理石台面材质渲染效果

（1）在"漫反射"贴图通道中加载一张石材位图，模拟大理石台面的颜色和纹理。

（2）设置反射颜色为（红：200，绿：200，蓝：200）、"高光光泽"为0.9，模拟高光效果强、光滑的属性；设置"反射光泽"为0.95，模拟清晰的反射，但非镜面成像的属性；设置"细分"为12，使反射效果更加细腻；勾选"菲涅耳反射"复选项，表现真实世界中的菲涅耳反射现象。

2.4.6 餐椅材质

餐椅由椅子支架和椅子坐垫组成。椅子支架和前面介绍的橱柜的实木材质是一致的，不再赘述，因而此处重点介绍椅子坐垫材质。欧式风格最宜用提花布、绒布、色织布与实木家具相配，两者轻重相伴、刚柔相济、沉稳凝练又不失高雅大气。场景中的餐椅坐垫采用了森林绿，给黄色调的欧式厨房带来活力，绒布基本没有反射现象，有颜色上的渐变效果，表面柔软而粗糙，根据这些特点来模拟餐椅坐垫材质。在"材质编辑器"中新建一个VRayMtl材质球，具体参数设置如图2-53所示，材质球效果如图2-54所示，实际渲染效果如图2-55所示。

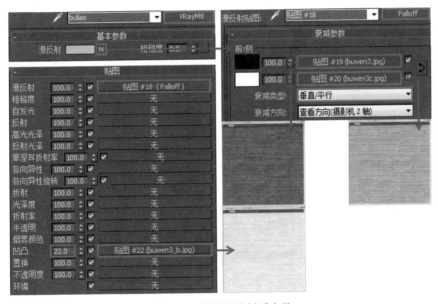

图2-53 餐椅坐垫材质参数

图2-54 餐椅坐垫材质球效果

图2-55 餐椅坐垫材质渲染效果

（1）在"漫反射"贴图通道中加载一张"衰减"程序贴图，在"前"通道中加载一张森林绿绒布位图，模拟餐椅坐垫的颜色和纹理；在"侧"通道中加载一张黄绿色绒布位图，设置"衰减类型"为垂直/平行，模拟较强的渐变效果。

（2）打开"贴图"卷展栏，在"凹凸贴图"通道中加载一张绒布凹凸位图，设置"强度"为22，模拟坐垫表面细绒的凹凸效果。

2.4.7 不锈钢材质

不锈钢是厨房中的常见材质，水龙头、水槽、炊具、餐具都有它的身影。这里以水龙头、水槽的不锈钢材质为例进行说明，其余不锈钢会有些细小的区别，读者可在此基础上根据不同的表现效果自行调节。不锈钢的反射能力很强，我们日常生活中见到的不锈钢其实是环境反射效果，它的高光性较强，所以看起来十分光滑，根据这些特点来模拟不锈钢材质。在"材质编辑器"中新建一个 VRayMtl 材质球，具体参数设置如图 2-56 所示，材质球效果如图 2-57 所示，实际渲染效果如图 2-58 所示。

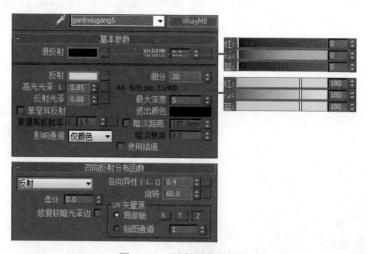

图 2-56　不锈钢材质参数

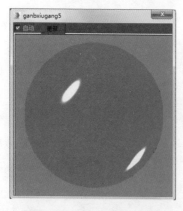

图 2-57　不锈钢材质球效果

图 2-58　不锈钢材质渲染效果

（1）设置"漫反射"颜色为黑色（红：0，绿：0，蓝：0），因为不锈钢反射强而使得漫反射不明显，我们日常生活中见到的不锈钢其实是环境反射效果，将漫反射颜色设为黑色，让渲染出来的不锈钢对比更分明。

（2）设置"反射"颜色为（红：180，绿：180，蓝：180），模拟不锈钢的反射能力强；设置"高光光泽"为0.85、"反射光泽"为0.88，模拟不锈钢较强的高光性和清晰的反射；设置"细分"为20，使反射效果更加细腻。

（3）打开"双向反射分布函数"卷展栏，设置"类型"为反射、"各向异性"为0.4、"旋转"为60，这样就能得到比较好的不锈钢效果。"双向反射分布函数"现象在物理世界中随处可见，我们可以看到不锈钢锅底的高光形状是成两个锥形的，这就是"双向反射分布函数"现象。

2.4.8 陶瓷材质

陶瓷是餐具的重要材料之一。陶瓷有纯色的，也有花纹的，表面光滑，高光区域小，有较强的菲涅耳反射，反射模糊度不强，根据这些特点来模拟陶瓷材质。在"材质编辑器"中新建一个VRayMtl材质球，具体参数设置如图2-59所示，材质球效果如图2-60所示，实际渲染效果如图2-61所示。

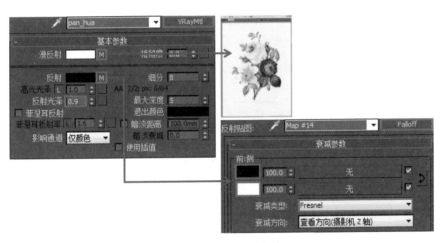

图 2-59　陶瓷材质参数

图 2-60　陶瓷材质球效果

图 2-61　陶瓷材质渲染效果

（1）在"漫反射"贴图通道中加载一张印花位图，模拟陶瓷的颜色和花纹。

（2）在"反射"贴图通道中加载一张"衰减"贴图，设置"前"颜色为纯黑色、"侧"颜色为纯白色、"衰减类型"为 Fresnel，表现有较强的菲涅耳反射；设置"反射光泽"为0.9，默认情况下"高光光泽"和"反射光泽"一起关联控制，表现陶瓷表面反射模糊不强、高光区域小、光滑的特性。

（3）其余陶瓷的碗、碟和罐子只需要重新设置"漫反射"颜色或将"漫反射"贴图通道中的位图图案换一下，即可表现出多样的符合简欧风格的瓷器特点。

2.4.9　银器材质

人们钟爱富含艺术气息的精美银器，它独特的艺术品位，氤氲着欧式贵族的典雅高尚，是另外一种别致的生活方式。本场景中的纯银烛台、酒杯，纯手工的锤锻和造型使它们在工匠师们的精心打造下呈现出明镜般的光泽，根据这些特点来模拟银器材质。在"材质编辑器"中新建一个 VRayMtl 材质球，具体参数设置如图 2-62 所示，材质球效果如图 2-63 所示，实际渲染效果如图 2-64 所示。

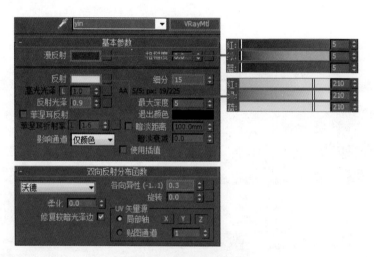

图 2-62　银器材质参数

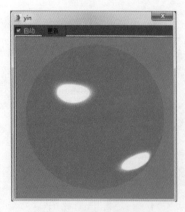

图 2-63　银器材质球效果

图 2-64　银器材质渲染效果

（1）设置"漫反射"颜色接近黑色（红：5，绿：5，蓝：5），这里银器的反射比不锈钢更强，我们见到的银器也是其环境反射效果，将漫反射颜色设置为接近黑色，让渲染出来的银器对比更分明。

（2）设置"反射"颜色为（红：210，绿：210，蓝：210）、"反射光泽"为0.9，默认情况下"高光光泽"和"反射光泽"一起关联控制，设置"细分"为15，表现出银器明镜般的反射。

（3）打开"双向反射分布函数"卷展栏，设置"类型"为沃德、"各向异性"为0.3。"双向反射分布函数"主要用于控制物体表面的反射特性。当反射里的颜色不为黑色和"反射光泽"不为1时，这个功能才有效果。在它提供的双向反射分布类型中，"沃德"高光区域最大，"各向异性"则用来控制高光区域的形状，通过这两个参数的设置来模拟出银器表面真实的"双向反射分布函数"现象，效果非常明显，也非常棒。

2.4.10 竹篓材质

竹篓既是厨房中很实用的收纳器具，又是非常有特色的装饰物，让人兴趣盎然。竹篓高光相对金属和瓷器要大点，反射模糊程度不高，竹条编制的表面不是一个平面，所以菲涅耳反射现象更明显，表面有凹凸，根据这些特点来模拟竹篓材质。在"材质编辑器"中新建一个VRayMtl材质球，具体参数设置如图2-65所示，材质球效果如图2-66所示，实际渲染效果如图2-67所示。

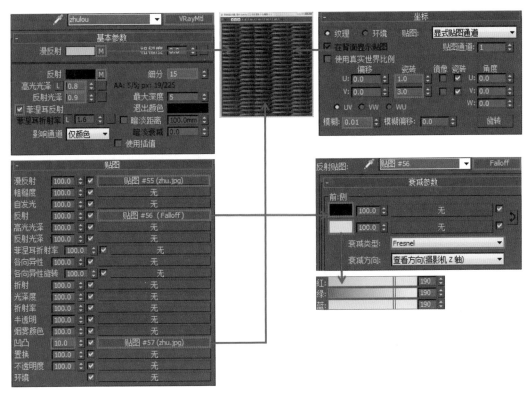

图2-65 竹篓材质参数

图 2-66　竹篓材质球效果

图 2-67　竹篓材质渲染效果

（1）在"漫反射"贴图通道中加载一张藤编位图，设置 U、V 方向的"瓷砖"分别为 1 和 3，模拟竹篓的颜色和纹理；设置"模糊"值为 0.01，让纹理渲染更清晰。

（2）在"反射"贴图通道中加载一张"衰减"程序贴图，设置"前"颜色为纯黑色、"侧"颜色为（红：190，绿：190，蓝：190）、"衰减类型"为 Fresnel，表现有较强的菲涅耳反射；设置"高光光泽"为 0.8、"反射光泽"为 0.9、"细分"为 15，勾选"菲涅耳反射"复选项，模拟细腻而真实的高光和较清晰的反射。

（3）打开"贴图"卷展栏，在"凹凸"贴图通道中加载一张与"漫反射"贴图通道中相同的位图，设置"强度"为 10，表现出藤条表面的纹理凹凸质感。

2.4.11　柠檬材质

在设计厨房效果图的时候，适当地摆放一些水果不仅能起到美化画面的作用，而且能很好地烘托厨房的气氛。这里选择柠檬为代表进行水果材质的介绍，柠檬以黄色为主，带有些许淡绿色，有果皮自身的凹凸质感，高光区域大，反射模糊，根据这些特点来模拟柠檬材质。在"材质编辑器"中新建一个 VRayMtl 材质球，具体参数设置如图 2-68 所示，材质球效果如图 2-69 所示，实际渲染效果如图 2-70 所示。

（1）在"漫反射"贴图通道中加载一张"衰减"程序贴图，设置"前"颜色为黄色（红：247，绿：169，蓝：0）、"侧"颜色为（红：233，绿：199，蓝：13）、"衰减类型"为 Fresnel，模拟柠檬本身的颜色。

（2）在"反射"贴图通道中也加载一张"衰减"程序贴图，设置"前"颜色为黑色、"侧"颜色为白色、"衰减类型"为 Fresnel，调整反射之间的均衡度；设置"反射光泽"为 0.62，默认情况下"高光光泽"和"反射光泽"一起关联控制，表现柠檬表皮高光区域大、反射模糊的特点；设置"退出颜色"为淡绿色（红：201，绿：211，蓝：174），当物体的反射次数达到最大次数时就会停止计算反射，这时由于反射次数不够造成的反射区域的颜色就用退出颜色来代替。

（3）打开"贴图"卷展栏，在"凹凸"贴图通道中加载一张"烟雾"程序贴图，烟雾可以生成无序、基于分形的湍流图案的 3D 贴图，这样可以很好地模拟水果表面的质感。打开"坐标"卷展栏，设置 X、Y、Z 方向的"瓷砖"为 0.039；打开"烟雾参数"卷展栏，设置"大小"为1、"相位"为0、"迭代次数"为5、"指数"为1.5。返回上一级，设置凹凸"强度"为5，模拟柠檬表面的质感。

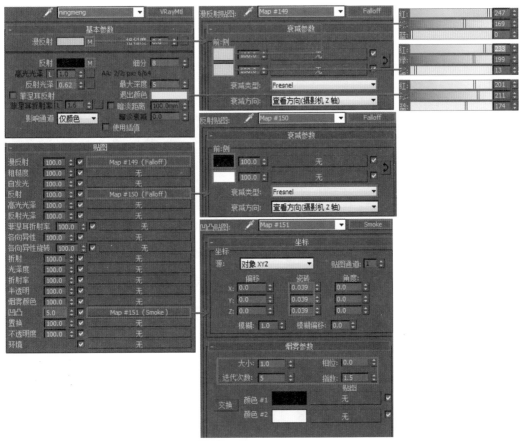

图 2-68　柠檬材质参数

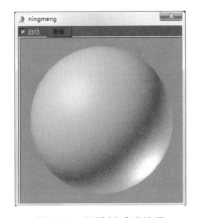

图 2-69　柠檬材质球效果

图 2-70　柠檬材质渲染效果

2.4.12　玫瑰材质

植物的加入增添了厨房的清新气息，更愉悦了在厨房操作时人的心情。这里以玫瑰为例进行植物材质的说明，主要分为枝叶和花朵两大部分。

1. 枝叶材质

枝叶包含了两种不同的材质，所以分别为枝叶模型设置了不同的 ID 值，即叶子部分对应的 ID 值为 1，枝干部分对应的 ID 值为 2。叶子有天然的纹理，并且这些纹理呈现出相应的凹凸，有较大的高光和模糊反射；枝干也有天然的纹理，高光比叶子要小，反射比叶子更清晰，根据这些特点来模拟枝叶材质。在"材质编辑器"中新建一个 Multi/Sub-Object（多维 / 子对象）材质球，具体参数设置如图 2-71 所示，材质球效果如图 2-72 所示。

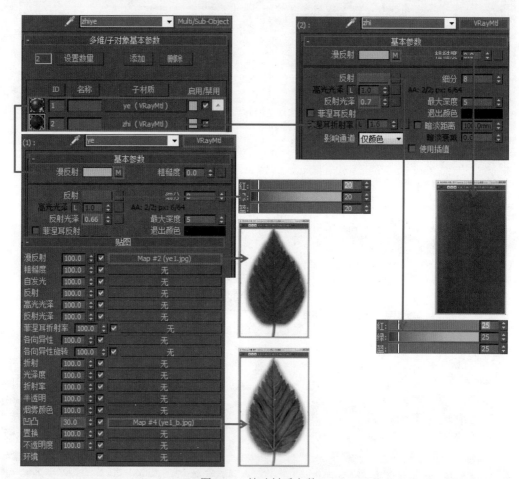

图 2-71　枝叶材质参数

（1）为 ID1 新建一个 VRayMtl 材质球。

（2）在"漫反射"贴图通道中加载一张叶子位图，模拟叶子的颜色和纹理。

（3）设置"反射"颜色为（红：20，绿：20，蓝：20），表现叶子比较弱的反射特点；设置"反射光泽"为 0.66，默认情况下"高光光泽"和"反射光泽"一起关联控制，表现叶子较大的高光和模糊反射。

（4）打开"贴图"卷展栏，在"凹凸"贴图通道中加载一张叶子凹凸位图，设置"强度"为 30，表现叶子表面纹理的凹凸质感。

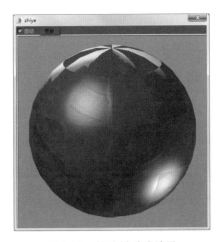

图 2-72 枝叶材质球效果

（5）为 ID2 新建一个 VRayMtl 材质球。

（6）在"漫反射"贴图通道中加载一张枝干的位图，模拟枝干的颜色和纹理。

（7）设置"反射"颜色为（红：25，绿：25，蓝：25），表现出比叶子稍强的反射；设置"反射光泽"为 0.7，表现出比叶子更小的高光和更清晰的反射，符合枝干的特点。

2. 花朵材质

花朵的花瓣也是有颜色和脉络纹理的，较柔软的质地使其具有较大的高光和模糊的反射，根据这些特点来模拟花朵材质。在"材质编辑器"中新建一个 VRayMtl 材质球，具体参数设置如图 2-73 所示，材质球效果如图 2-74 所示，实际渲染效果如图 2-75 所示。

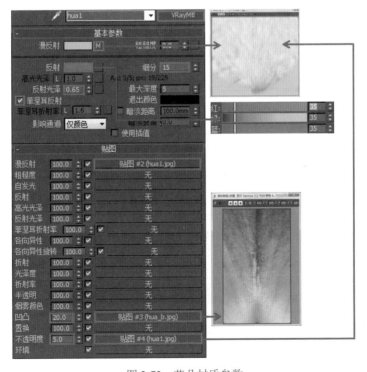

图 2-73 花朵材质参数

图 2-74　花朵材质球效果

图 2-75　植物材质渲染效果

（1）在"漫反射"贴图通道中加载一张花瓣位图，模拟花瓣的颜色和纹理。

（2）设置"反射"颜色为（红：35，绿：35，蓝：35）、"反射光泽"为 0.65，模拟柔软的花瓣上更大的高光区域和反射模糊。勾选"菲涅耳反射"复选项，设置"细分"为 15，让反射更真实和细腻。

（3）打开"贴图"卷展栏，在"凹凸"贴图通道中加载一张花瓣凹凸位图，设置"强度"为 20，表现花瓣表面纹理的凹凸质感。

（4）在"不透明度"贴图通道中加载一张花瓣位图，设置"强度"为 5，模拟出一点点的透明效果。

（5）如果所有的花朵都是一样的颜色和纹理，看起来会有些呆板不自然，所以多准备两组贴图，将其余花朵贴图通道中的位图图案换一下，营造出多样变化的效果。

2.4.13　玻璃材质

玻璃花瓶、玻璃酒杯，它们不仅有反射，而且有折射，晶莹通透，根据这些特点来模拟玻璃材质。在"材质编辑器"中新建一个 VRayMtl 材质球，具体参数设置如图 2-76 所示，材质球效果如图 2-77 所示，实际渲染效果如图 2-78 所示。

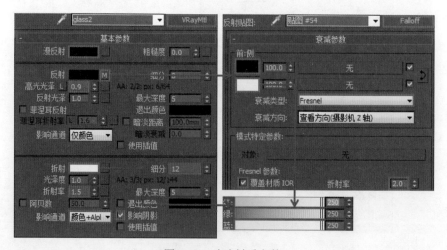

图 2-76　玻璃材质参数

图 2-77　玻璃材质球效果　　　　　　　图 2-78　玻璃材质渲染效果

（1）设置"漫反射"颜色为黑色（红：0，绿：0，蓝：0），让渲染出来的玻璃更加对比分明。

（2）在"反射"贴图通道中加载一张"衰减"程序贴图，设置"前"颜色为黑色（红：0，绿：0，蓝：0）、"侧"颜色为（红：250，绿：250，蓝：250）、"衰减类型"为Fresnel，勾选"覆盖材质 IOR"复选项，设置"折射率"为 2，这是因为玻璃表面比较光滑，反射衰减不是太强烈。设置"高光光泽"为 0.9，表现高光区域小的特性。

（3）设置"折射"颜色为（红：250，绿：250，蓝：250），以得到一个透光性比较强的玻璃材质；设置"折射率"为 1.5、"影响通道"为颜色 +Alpha、"细分"为 12，勾选"影响阴影"复选项，让光可以正确地透过玻璃。

2.4.14　镀金材质

描金、雕花这些看起来较为隆重的样子，恰恰是欧式风格之所在。吊灯、中岛柜体上的线条和雕花都使用了镀金材质，有较大区域的高光，反射比较清晰，根据这些特点来模拟镀金材质。在"材质编辑器"中新建一个 VRayMtl 材质球，具体参数设置如图 2-79所示，材质球效果如图 2-80 所示，实际渲染效果如图 2-81 所示。

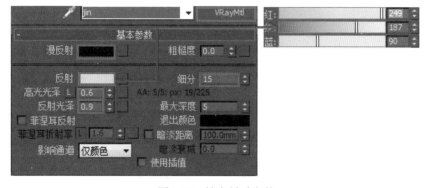

图 2-79　镀金材质参数

（1）设置"漫反射"颜色为黑色（红：0，绿：0，蓝：0），可以理解为镀金反射强而使得漫反射不明显，将漫反射颜色设为黑色，让反射更干净。

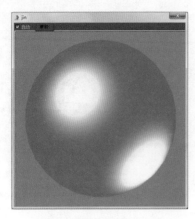

图 2-80　镀金材质球效果　　　　　图 2-81　镀金材质渲染效果

（2）设置"反射"颜色为金黄色（红：249，绿：187，蓝：90）、"高光光泽"为 0.6、"反射光泽"为 0.9、"细分"为 15，表现较大区域的高光、干净的反射。

至此，厨房场景中的主要材质已经介绍完了，对于其他未讲解的材质，读者可参考以上讲述的各种不同物体的材质设置方法进行模拟。

2.5　最终渲染

当构图、灯光、材质都处理好以后，就将渲染最终效果图。下面在测试渲染的基础上设置成品参数，开始最终渲染。需要注意的是，这里给出的成品渲染参数只是给读者一个参考，在商业效果图中，质量和速度一直是大家关注的问题，建议读者权衡两者，选择一个折中的参数进行最终渲染。

（1）按 F10 键打开"渲染设置"对话框，单击"公用"选项卡，设置"宽度"为 2500、"高度"为 1563，如图 2-82 所示。

图 2-82　设置公用参数

（2）单击 V-Ray 选项卡，打开"图像采样器（抗锯齿）"卷展栏，设置"图像采样器"的"类型"为自适应、"过滤器"为 Mitchell-Netravali，如图 2-83 所示。

图 2-83　设置"图像采样器（抗锯齿）"参数

（3）打开"自适应图像采样器"卷展栏，设置"最小细分"为 2、"最大细分"为 7、"颜色阈值"为 0.006，如图 2-84 所示。

图 2-84　设置"自适应图像采样器"参数

（4）打开"全局确定性蒙特卡洛"卷展栏，切换到"高级模式"，设置"最小采样"为 20、"自适应数量"为 0.76、"噪波阈值"为 0.002，如图 2-85 所示。

图 2-85　设置"全局确定性蒙特卡洛"参数

（5）单击 GI 选项卡，打开"发光图"卷展栏，设置"当前预设"为中、"细分"为 60、"插值采样"为 30，如图 2-86 所示。

图 2-86　设置"发光图"参数

（6）打开"灯光缓存"卷展栏，设置"细分"为 1500，如图 2-87 所示。

图 2-87　设置"灯光缓存"参数

（7）按 C 键切换到摄影机视图，按快捷键 Shift+Q 渲染场景，如图 2-88 所示。

图 2-88　最终渲染效果

本章小结

　　本章主要介绍了简欧风格厨房——阴天灯光表现的风格特点、场景构图、灯光布置、材质模拟、渲染等的方法与技巧。简欧风格就是简化了的欧式装修风格，一方面保留了欧洲文化中材质、色彩的大致风格，仍然可以很强烈地感受传统的历史痕迹与浑厚的文化底蕴，同时又摒弃了过于复杂的肌理和装饰，简化了线条。采用最自然的横向场景构图彰显方正的厨房空间和厨具、餐具、食物；使用 VR 平面灯光模拟自然天光，表现阴天氛围；使用 VR 网格灯光模拟吊灯、目标灯光模拟筒灯，保障室内光照亮度适宜、效果丰富。对乳胶漆、墙砖、拼花地砖、橱柜、大理石台面、餐椅、不锈钢、陶瓷、银器、竹篓、柠檬、玫瑰、玻璃、镀金等材质进行模拟，营造出浪漫、华丽而又实用的简欧风格。

课后习题

一、选择题

1．下面通过贴图的黑白数值控制对象透光性的贴图通道是（　　）。

    A．漫反射　　　　　B．反射　　　　　　　C．折射　　　　　　　D．凹凸

2．下面通过贴图的黑白数值控制对象表面反射模糊的贴图通道是（　　）。

    A．自发光　　　　　　　　　　　B．反射光泽

    C．高光光泽　　　　　　　　　　D．烟雾颜色

3．下面能够基于物体表面的凹凸细节混合任意两种颜色和纹理来模拟陈旧、受侵蚀的材质、脏旧置换的程序贴图是（　　）。

    A．VR-污垢　　　　B．平铺　　　　　　　C．衰减　　　　　　　D．颜色校正

4．打开"渲染设置"对话框的快捷键是（　　）。

    A．P　　　　　　　　B．M　　　　　　　　C．T　　　　　　　　D．F10

5．渲染当前视窗的快捷键是（　　）。

    A．H　　　　　　　　B．M　　　　　　　　C．Shift+Q　　　　　D．Alt+Q

二、简述题

1．平铺程序贴图的具体作用是什么？

2．简欧风格的表现特点有哪些？

第3章
现代风格卧室——晚间氛围表现

【学习目标】

- 了解现代风格的特点。
- 掌握横向场景构图的技巧。
- 掌握半封闭空间晚间氛围的布光方法。
- 掌握现代风格卧室主要材质的制作方法。
- 熟悉渲染参数的设置，能够灵活运用进行测试渲染和成品渲染。

3.1 项目介绍

本场景是一个半封闭的卧室空间，空间较方正，开放式书架墙与飘窗结合在一起，有效地利用和节省了空间，使卧室更宽敞，形成了一道别致的装饰。通过夜晚来表现卧室是一个不错的选择，在晚间的氛围下，天光环境光为辅，以室内射灯、筒灯、灯带、台灯、壁灯等丰富的灯光营造整体光效。本场景设计的是现代风格，现代风格是比较流行的一种风格，追求时尚与潮流，提倡突破传统、创造革新，重视功能和空间组织，注重发挥结构构成本身的形式美，造型简洁，反对多余装饰，崇尚合理的构成工艺；尊重材料的特性，讲究材料自身的质地和色彩的配置效果；强调设计与功能的联系。现代风格在选材上不再局限于石材、木材、面砖等天然材料，而是将选择范围扩大到金属、涂料、玻璃、塑料以及合成材料，并且夸张材料之间的结构关系。现代室内家具、灯具和陈列品的选型要服从整体空间的设计主题。由于线条简单、装饰元素少，现代风格家具需要完美的软装配合才能显示出美感。现代风格的色彩设计受现代绘画流派思潮影响很大。通过强调原色之间的对比协调来追求一种具有普遍意义的永恒的艺术主题。装饰画、织物的选择对于整个色彩效果也起到点明主题的作用。大胆而灵活的色彩，不单是对现代风格家居的遵循，也是个性的展示。

3.2 场景构图

3.2.1 设置画面比例

本场景依然采用 LWF 渲染模式，第 1 章已经讲解过 LWF 模式的设置方法，这里不再赘述。打开"现代风格卧室 .max"文件，为了能准确地取景，在创建摄影机前先对画面比例进行确定。这是一个较方正的卧室空间，其表现不在于空间大小，重点在于如何去展示卧室空间内的家具、饰品对象，所以还是建议使用横构图的画面比例。

（1）在菜单栏中单击"渲染"→"渲染设置"命令，打开如图 3-1 所示的"渲染设置"对话框。

图 3-1 "渲染设置"对话框

（2）单击"公用"选项卡，设置"宽度"为 640、"高度"为 480，此时"图像纵横比"自动生成 1.33，单击锁定按钮将画面比例锁定，关闭对话框。

（3）选择透视图，按快捷键 Shift+F 激活"安全框"，如图 3-2 所示，外面黄色边框内的区域就是最终渲染区域，此时的比例就是最终效果图的比例。

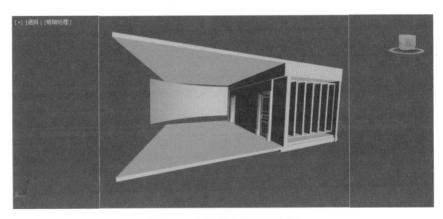

图 3-2 安全框中的画面比例

3.2.2　创建目标摄影机

设置好画面比例后开始创建摄影机，进行室内场景的取景。

（1）在创建面板中选择"目标"摄影机，在顶视图中拖拽光标创建一台摄影机，使摄影机从门口向内拍摄，如图 3-3 所示。

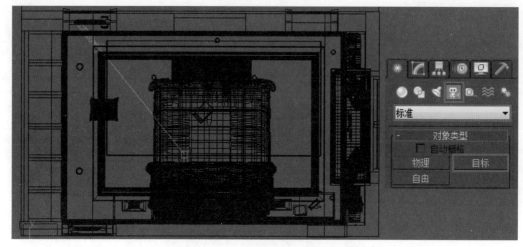

图 3-3　创建目标摄影机

（2）因为我们选择的是横构图，所以这里建议使用较大角度的视野来拍摄。选定摄影机，在修改面板中设置"镜头"为 15、"视野"为 100.389，如图 3-4 所示。

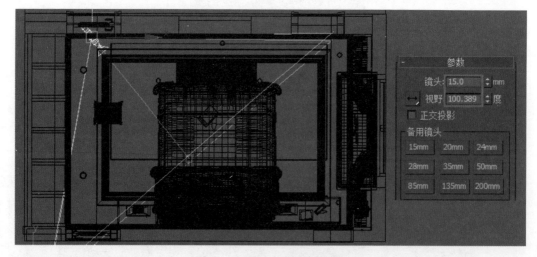

图 3-4　设置目标摄影机参数

（3）切换到摄影机视图，此时的拍摄效果如图 3-5 所示，摄影机的高度显然不对。

（4）切换到左视图，调整摄影机和目标点的位置，如图 3-6 所示，切换回摄影机视图，拍摄效果如图 3-7 所示。

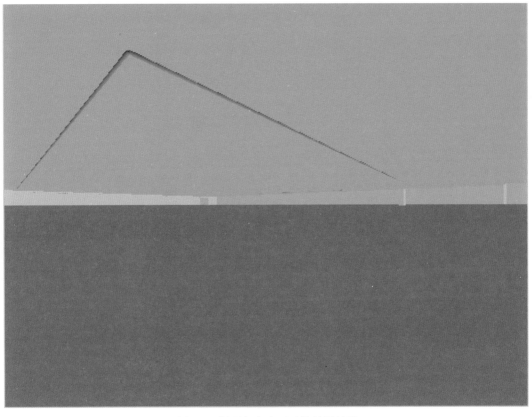

图 3-5　摄影机高度不对的拍摄效果

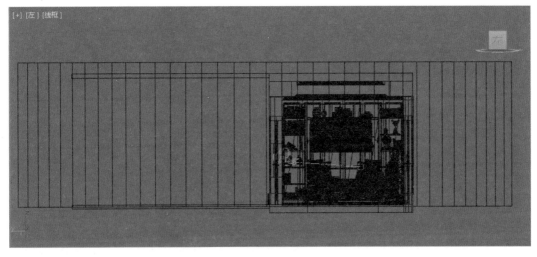

图 3-6　调整摄影机和目标点位置

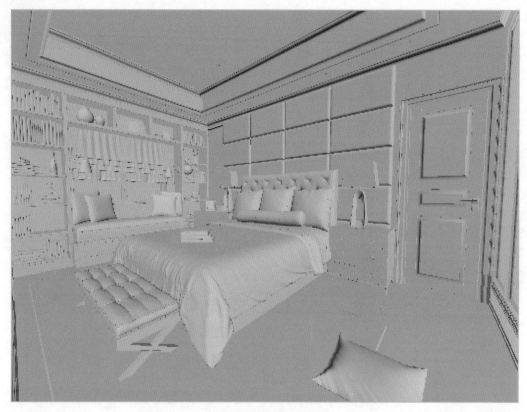

图 3-7　调整后的拍摄效果

（5）注意观察图 3-7 所示的拍摄效果，透视出现了问题，如倾斜的墙体。所以切换到顶视图，在摄影机上右击，在弹出的快捷菜单中选择"应用摄影机校正修改器"选项，在修改面板中选择"摄影机校正"修改器，设置"数量"为 2.205、"方向"为 90，如图 3-8 所示。

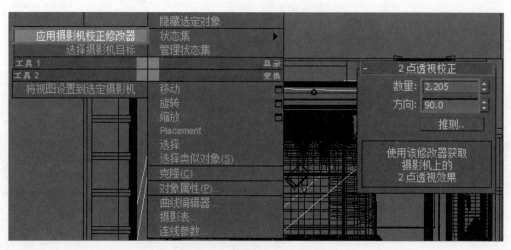

图 3-8　应用摄影机校正修改器

（6）切换到摄影机视图，此时的拍摄效果如图 3-9 所示，透视已经正常了。

图 3-9　透视校正后的拍摄效果

3.3　灯光布置

场景构图已经完成了，下面进行灯光布置。本实例表现的是夜晚的灯光效果，我们将使用 VR 穹顶灯光来模拟夜晚的天光，表现晚间氛围；使用目标灯光来模拟射灯、筒灯；使用 VR 平面灯光来模拟灯带；使用 VR 球体灯光来模拟台灯，丰富光效，表现室内局部照明。

3.3.1　设置玻璃和窗帘材质

因为玻璃和窗帘对室外天光和环境光有阻挡作用，对于室内光照效果来说，对整体氛围和亮度都有很大的影响，所以我们需要先模拟玻璃和窗帘的材质。

1. 玻璃材质

按 M 键打开"材质编辑器"，新建一个 VrayMtl 材质球，具体参数设置如图 3-10 所示，材质球效果如图 3-11 所示。

（1）设置"漫反射"颜色为（红：20，绿：20，蓝：20）。

（2）设置"反射"颜色为（红：232，绿：232，蓝：232），勾选"菲涅耳反射"复选项。

（3）设置"折射"颜色为（红：235，绿：235，蓝：235），"折射率"为 1.5，"影响通道"为颜色 +Alpha，勾选"影响阴影"复选项。

（4）将材质指定给玻璃模型。

图 3-10　玻璃材质

图 3-11　玻璃材质球效果

2. 窗帘材质

在"材质编辑器"中新建一个 VrayMtl 材质球，具体参数设置如图 3-12 所示，材质球效果如图 3-13 所示。

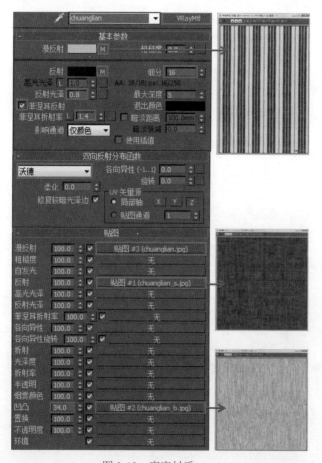

图 3-12　窗帘材质

图 3-13　窗帘材质球效果

（1）在"漫反射"贴图通道中加载一张窗帘位图。

（2）在"反射"贴图通道中加载一张窗帘反射位图，设置"反射光泽"为0.8，勾选"菲涅耳反射"复选项，设置"菲涅耳折射率"为1.4、"细分"为16。

（3）打开"双向反射分布函数"卷展栏，设置"类型"为沃德。

（4）打开"贴图"卷展栏，在"凹凸"贴图通道中加载一张窗帘凹凸位图，设置"强度"为34。

（5）将材质指定给窗帘模型。

3.3.2 设置夜晚天光

（1）在创建面板中选择"VR-灯光"的"穹顶"灯光，切换到顶视图，在场景中的窗外创建一盏穹顶灯光，用于模拟夜晚的天光，如图3-14所示。

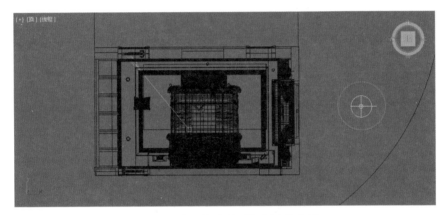

图3-14 穹顶灯光在顶视图中的位置

（2）选定穹顶灯光，在修改面板中打开"强度"卷展栏，设置"倍增"为3、"模式"为颜色、"颜色"为（红：250，绿：250，蓝：250）；打开"选项"卷展栏，勾选"投射阴影""不可见"和"影响漫反射"复选项，取消勾选"影响高光"和"影响反射"复选项，如图3-15所示。

图3-15 设置穹顶灯光参数

3.3.3　设置窗外背景

按 M 键打开"材质编辑器"，新建一个 VR- 灯光材质的材质球，具体参数设置如图 3-16 所示，材质球效果如图 3-17 所示。

图 3-16　背景材质

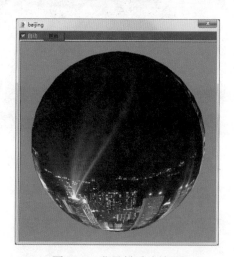

图 3-17　背景材质球效果

（1）设置"强度"为 1.5，单击"颜色"右侧的"无"按钮加载一张背景位图，勾选"背面发光"复选项。

（2）将材质指定给场景中窗外的面片模型。

3.3.4　设置射灯

当晚间的大体氛围把握好以后，需要对室内添加一些灯光以保障卧室有足够的光照。下面将按照真实的灯光位置在天花四周进行射灯布光。

（1）在创建面板中选择"目标灯光"，切换到左视图，在天花灯筒处从上到下拖拽光标创建一盏灯光，如图 3-18 所示。

（2）切换到顶视图，将"过滤器"设置为 L- 灯光，框选目标灯光并将其移动到射灯处，如图 3-19 所示。

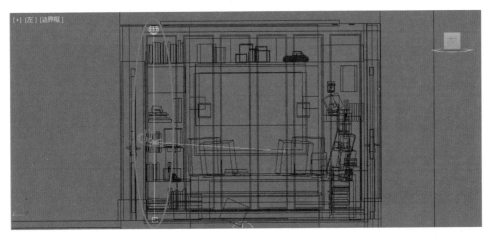

图 3-18　创建射灯光源

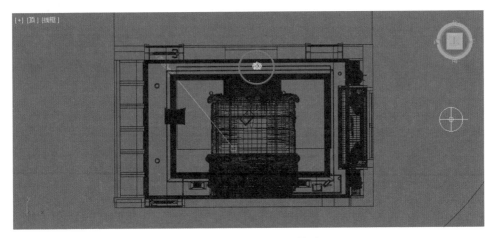

图 3-19　调整射灯光源位置

（3）框选目标灯光，将它以"实例"的形式复制 4 盏，分别移动到另外 4 个射灯位置处，如图 3-20 所示。

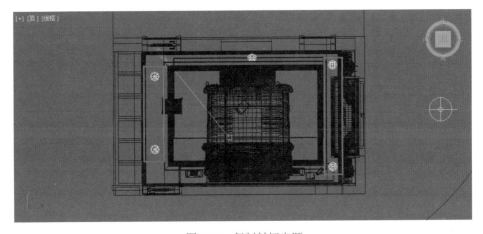

图 3-20　复制射灯光源

（4）选定一盏目标灯光，在修改面板中设置"阴影类型"为 VR- 阴影、"灯光分布（类型）"为光度学 Web，在"分布（光度学 Web)"卷展栏中加载"射灯 .ies"文件，设置"颜色"为 D65 Illuminant(基准白色)、"过滤颜色"为（红：255，绿：139，蓝：48），"强度"为 30000cd，如图 3-21 所示。

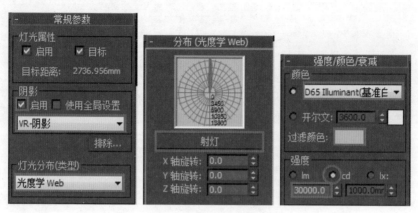

图 3-21　设置射灯光源参数

3.3.5　设置筒灯

卧室床头背景墙上方的筒灯光束不像射灯那样集中，更为发散，下面将按照真实的灯光位置在卧室床头背景墙上方的天花上进行筒灯布光。

（1）在创建面板中选择"目标灯光"，切换到前视图，在天花灯筒处从上到下拖拽光标创建一盏灯光，如图 3-22 所示。

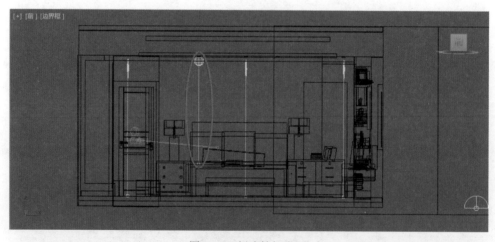

图 3-22　创建筒灯光源

（2）切换到顶视图，将"过滤器"设置为 L- 灯光，框选目标灯光并将其移动到筒灯处，如图 3-23 所示。

（3）框选目标灯光，将它以"实例"的形式复制一盏，移动到另外一个筒灯位置处，如图 3-24 所示。

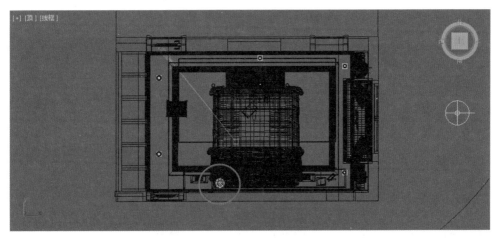

图 3-23　调整筒灯光源位置

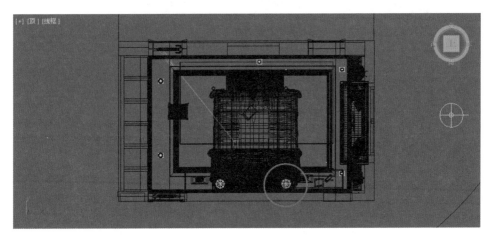

图 3-24　复制筒灯光源

（4）选定一盏目标灯光，在修改面板中设置"阴影类型"为 VR- 阴影、"灯光分布
(类型)"为光度学 Web，在"分布 (光度学 Web)"卷展栏中加载"筒灯 .ies"文件，设置"颜
色"为 D65 Illuminant(基准白色)、"过滤颜色"为（红：255，绿：216，蓝：226），"强度"
为 3000cd，如图 3-25 所示。

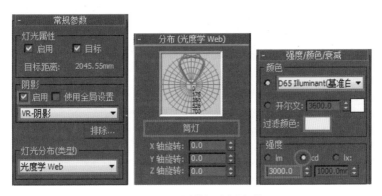

图 3-25　设置筒灯光源参数

3.3.6　设置灯带

场景的照明已基本完成，但为了使灯光效果更加有层次感，下面利用灯带来点缀天花，增强表现力。

（1）在创建面板中选择"VR-灯光"的"平面"灯光，切换到顶视图，在天花灯槽处拖拽光标创建一盏灯光，如图 3-26 所示。

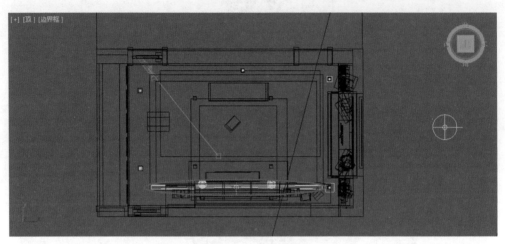

图 3-26　创建灯带光源

（2）切换到前视图，旋转平面灯光使其方向向上并将其移动到灯槽处，如图 3-27 所示。

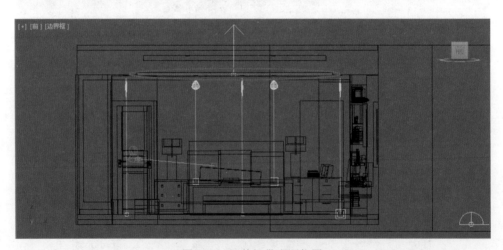

图 3-27　调整灯带光源位置

（3）切换到顶视图，选择平面灯光，将它以"实例"的形式复制 3 盏，分别移动到另外 3 个灯槽处，并根据灯槽的具体长度和方向对平面光源进行调节，如图 3-28 所示。

（4）选定一盏平面灯光，在修改面板中打开"强度"卷展栏，设置"倍增"为 10、"模式"为温度、"温度"为 3500；打开"选项"卷展栏，勾选"投射阴影""不可见"和"影响漫反射"复选项，如图 3-29 所示。

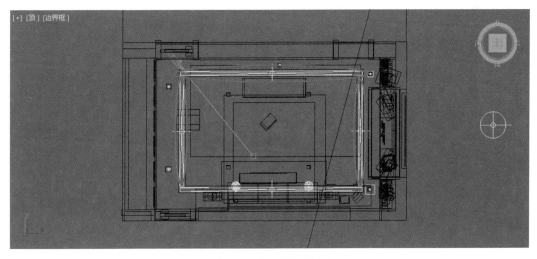

图 3-28　复制灯带光源

图 3-29　设置灯带光源参数

3.3.7　设置台灯

卧室背景墙和飘窗的光照可以再丰富一些，因此添加了台灯的烘托，使用橘黄色的暖光让卧室的感觉更柔软、温馨。

（1）在创建面板中选择"VR-灯光"的"球体"灯光，切换到顶视图，在台灯灯罩内拖拽光标创建一盏灯光，如图 3-30 所示。

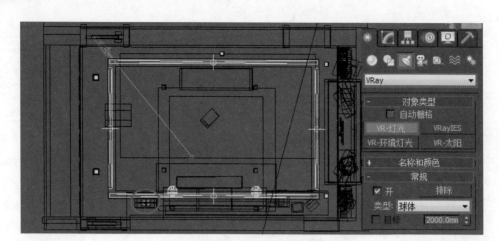

图 3-30　创建台灯光源

（2）切换到前视图，调整球体灯光的位置，如图 3-31 所示。

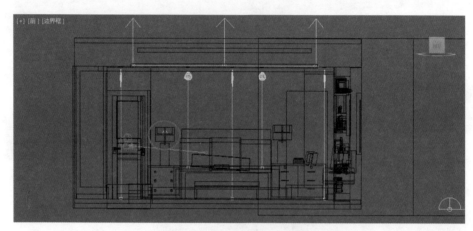

图 3-31　调整台灯光源位置

（3）切换到顶视图，选择球体光源，将它以"实例"的形式复制 3 盏，分别移动到另外 3 个台灯处，如图 3-32 所示。

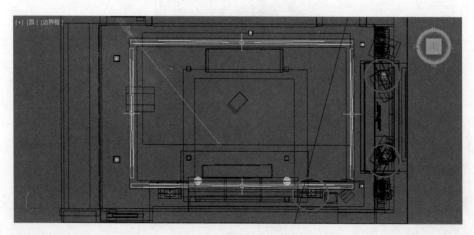

图 3-32　复制台灯光源

（4）选定球体灯光，在修改面板中打开"强度"卷展栏，设置"倍增"为400、"模式"为温度、"温度"为3500；打开"选项"卷展栏，勾选"投射阴影""不可见""影响漫反射""影响高光"和"影响反射"复选项，如图3-33所示。

图3-33　设置台灯光源参数

（5）按M键打开"材质编辑器"，新建一个VRay2SidedMtl材质球，具体参数设置如图3-34所示，材质球效果如图3-35所示。

图3-34　台灯灯罩材质

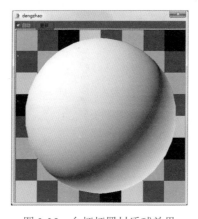

图3-35　台灯灯罩材质球效果

（6）设置"半透明"颜色为（红：128，绿：128，蓝：128），勾选"强制单面子材质"复选项。

（7）为"正面材质"新建一个 VRayMtl 材质球，设置"漫反射"颜色为（红：245，绿：245，蓝：245）。

（8）将材质指定给台灯灯罩模型。

3.3.8 测试渲染

灯光布置后显然要进行测试渲染，才能知道灯光的颜色、强度、位置是否合适，是否有曝光问题等。下面设置测试参数，开始测试渲染。

（1）按 F10 键打开"渲染设置"对话框，在设置画面比例的时候已经设置了"宽度"为 640、"高度"为 480，锁定"图像纵横比"为 1.33，这个图像大小比较适合测试图的大小，所以此处保持不变。

（2）单击 V-Ray 选项卡，打开"图像采样器（抗锯齿）"卷展栏，设置"图像采样器"的"类型"为自适应，勾选"图像过滤器"复选项，设置"过滤器"为区域，如图 3-36 所示。

（3）单击 GI 选项卡，打开"全局照明"卷展栏，勾选"启用全局照明"复选项，设置"首次引擎"为发光图、"二次引擎"为灯光缓存；打开"发光图"卷展栏，设置"当前预设"为非常低、"细分"为 30、"插值采样"为 20；打开"灯光缓存"卷展栏，设置"细分"为 300，如图 3-37 所示。

图 3-36　设置"图像采样器（抗锯齿）"参数

图 3-37　设置 GI 参数

（4）按 C 键切换到摄影机视图，按快捷键 Shift+Q 渲染场景，如图 3-38 所示。

图 3-38　灯光测试渲染

3.4　材质模拟

本节将对现代风格卧室场景中一些常见材质的设置方法进行介绍，如墙纸、背景墙软包、木地板、灰漆、床头柜、皮革、床单、抱枕等。

3.4.1　墙纸材质

墙纸为灰绿色，同时带有淡淡的纹理，表面有点粗糙，有反射能力但不能成像，高光面积大，纹理有轻微的凹凸，根据这些特点来模拟墙纸材质。按 M 键打开"材质编辑器"，新建一个 VRayMtl 材质球，具体参数设置如图 3-39 所示，材质球效果如图 3-40 所示，实际渲染效果如图 3-41 所示。

（1）在"漫反射"贴图通道中加载一张墙纸位图，模拟墙纸的颜色和纹理。

（2）设置"反射"颜色为（红：22，绿：22，蓝：22），表现墙纸反射较弱的特点；设置"高光光泽"为 0.4，表现墙纸高光面积大；在"反射光泽"贴图通道中加载一张墙纸反射光泽位图，表现墙纸的模糊反射；勾选"菲涅耳反射"复选项，设置"细分"为 12，表现真实而细腻的反射效果。

（3）打开"选项"卷展栏，取消勾选"跟踪反射"复选项，使墙纸反射不成像。

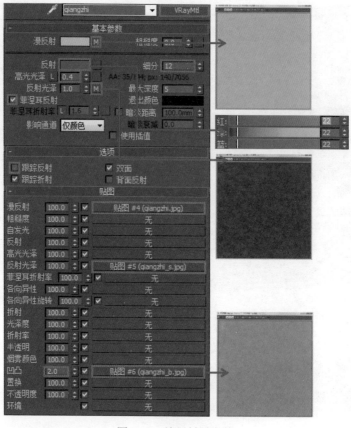

图 3-39 墙纸材质参数

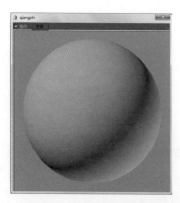

图 3-40 墙纸材质球效果

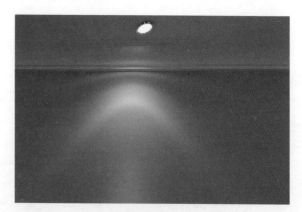

图 3-41 墙纸材质渲染效果

（4）打开"贴图"卷展栏，在"凹凸"贴图通道中加载一张墙纸凹凸位图，设置"强度"为2，表现墙纸表面非常轻微的纹理凹凸质感。

（5）将材质指定给墙体模型。

3.4.2 背景墙软包材质

卧室的床头背景墙用软包进行装饰，棕色带纹理，反射能力弱，有一定的反射模糊和较大的高光，表面柔软而粗糙，根据这些特点来模拟背景墙软包材质。在"材质编辑器"中新建一个 VRayMtl 材质球，具体参数设置如图 3-42 所示，材质球效果如图 3-43 所示，实际渲染效果如图 3-44 所示。

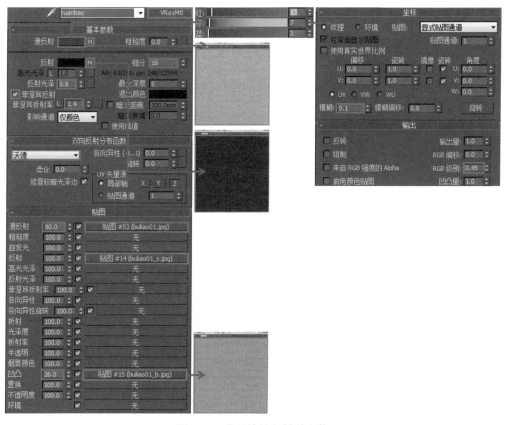

图 3-42　背景墙软包材质参数

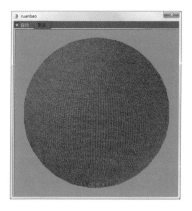

图 3-43　背景墙软包材质球效果

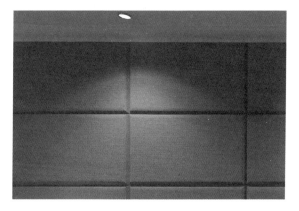

图 3-44　背景墙软包材质渲染效果

（1）设置"漫反射"颜色为棕色（红：13，绿：7，蓝：3），在"漫反射"贴图通道中加载一张软包位图，打开"坐标"卷展栏，设置"模糊"为 0.1；打开"输出"卷展栏，设置"RGB 级别"为 0.45，模拟软包的颜色和纹理。

（2）在贴图通道中加载一张软包反射位图，设置"反射光泽"为0.8、"细分"为16，表现出较弱的细腻的模糊反射；勾选"菲涅耳反射"复选项，设置"菲涅耳折射率"为1.4，表现出真实世界的菲涅耳反射现象。

（3）打开"双向反射分布函数"卷展栏，设置"类型"为沃德。沃德适合表面柔软或粗糙的物体，高光区域最大。

（4）打开"贴图"卷展栏，设置漫反射的"混合比例"为80，按照这个比例将漫反射通道中的贴图和颜色进行混合，进一步调节软包的颜色；在"凹凸"贴图通道中加载一张软包凹凸位图，设置凹凸的"强度"为26，表现软包表面的粗糙。

3.4.3　木地板材质

木地板是室内地面经常用到的材质，有木材的纹理，表面较光滑，模糊反射，拼接缝隙有明显的凹凸，根据这些特点来模拟木地板材质。在"材质编辑器"中新建一个VRayMtl材质球，具体参数设置如图3-45所示，材质球效果如图3-46所示，实际渲染效果如图3-47所示。

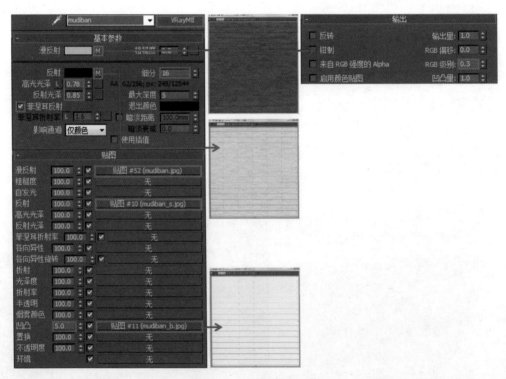

图 3-45　木地板材质参数

（1）在"漫反射"贴图通道中加载一张木地板位图，打开"输出"卷展栏，设置"RGB级别"为0.3，模拟地板的颜色和图案。

（2）在"反射"贴图通道中加载一张木地板反射位图，设置"高光光泽"为0.78、"反射光泽"为0.85、"细分"为16，勾选"菲涅耳反射"复选项，模拟细腻而真实的高光和模糊反射。

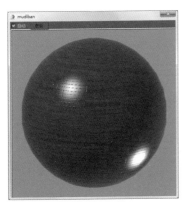

图 3-46 木地板材质球效果

图 3-47 木地板材质渲染效果

（3）打开"贴图"卷展栏，在"凹凸"贴图通道中加载一张木地板凹凸位图，设置"强度"为 5，模拟地板拼接缝隙的凹凸。

3.4.4 灰漆材质

在本场景中，书架、门框、墙角线大量用到了灰漆材质，漆面光滑，反射强度大，反射效果干净而清晰，根据这些特点来模拟灰漆材质。在"材质编辑器"中新建一个 VRayMtl 材质球，具体参数设置如图 3-48 所示，材质球效果如图 3-49 所示，实际渲染效果如图 3-50 所示。

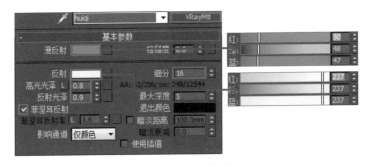

图 3-48 灰漆材质参数

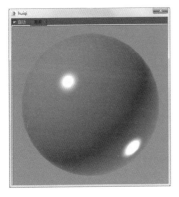

图 3-49 灰漆材质球效果

图 3-50 灰漆材质渲染效果

（1）设置"漫反射"颜色为（红：50，绿：48，蓝：47），模拟灰漆的颜色。

（2）设置"反射"颜色为（红：237，绿：237，蓝：237），表现光滑漆面反射较强的特点；设置"高光光泽"为0.8、"反射光泽"为0.9、"细分"为16，勾选"菲涅耳反射"复选项，表现干净和清晰的反射效果。

3.4.5 床头柜材质

床头柜由柜体和用于开启柜体的不锈钢拉手组成。

1. 实木柜体材质

实木柜体的表面为黑色，有木材的纹理，凹凸效果不是很明显，表面涂漆，所以有反射强度，高光大小属于中等水平，反射有一定的模糊程度，而且满足菲涅耳反射，根据这些特点来模拟柜体材质。在"材质编辑器"中新建一个 VRayMtl 材质球，具体参数设置如图 3-51 所示，材质球效果如图 3-52 所示，实际渲染效果如图 3-53 所示。

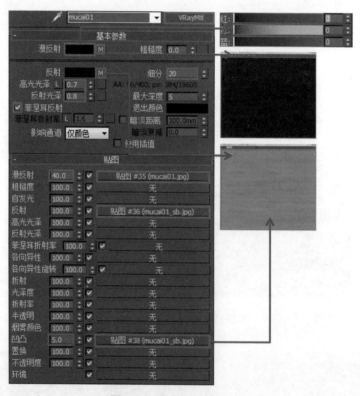

图 3-51　实木柜体材质参数

（1）设置"漫反射"颜色为黑色（红：0，绿：0，蓝：0），在"漫反射"贴图通道中加载一张实木位图，模拟实木的颜色和纹理。

（2）在"反射"贴图通道中加载一张实木反射位图，设置"高光光泽"为0.7，表现中等水平的高光；设置"反射光泽"为0.8，表现相对模糊的反射；设置"细分"为20，让木纹表面渲染出来没有杂点；勾选"菲涅耳反射"复选项，表现真实的反射现象。

（3）打开"贴图"卷展栏，设置漫反射的"混合比例"为40，按照这个比例将漫反射通道中的贴图和颜色进行混合，进一步调节实木的颜色；在"凹凸"贴图通道中加载一张实木凹凸位图，设置"强度"为5，表现非常轻微的木纹凹凸。

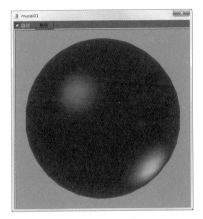
图 3-52　实木柜体材质球效果

图 3-53　实木柜体材质渲染效果

2．不锈钢拉手材质

不锈钢的反射能力很强，我们日常生活中见到的不锈钢其实是环境反射效果，它的高光性较强，所以看起来十分光滑，根据这些特点来模拟不锈钢材质。在"材质编辑器"中新建一个 VRayMtl 材质球，具体参数设置如图 3-54 所示，材质球效果如图 3-55 所示，实际渲染效果如图 3-56 所示。

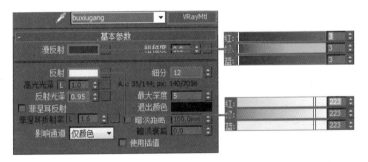
图 3-54　不锈钢拉手材质参数

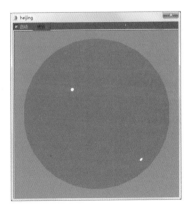
图 3-55　不锈钢拉手材质球效果

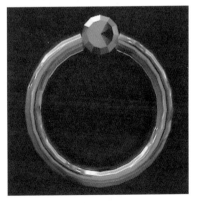
图 3-56　不锈钢拉手材质渲染效果

（1）设置"漫反射"颜色为接近黑色（红：3，绿：3，蓝：3），因为不锈钢反射强而使得漫反射不明显，我们日常生活中见到的不锈钢其实是环境反射效果，将漫反射颜色设为接近黑色，让渲染出来的不锈钢对比更分明。

（2）设置反射颜色为（红：223，绿：223，蓝：223），表现不锈钢的反射能力强；设置"高光光泽"为0.95，默认情况下"高光光泽"和"反射光泽"一起关联控制，表现不锈钢的强高光性和接近镜面的清晰反射；设置"细分"为12，使反射效果更加细腻。

3.4.6 皮革材质

皮革有天然的纹理，表面有较柔和的高光，还有一点反射现象，纹理感很强，根据这些特点来模拟皮革材质。在"材质编辑器"中新建一个 VRayMtl 材质球，具体参数设置如图 3-57 所示，材质球效果如图 3-58 所示，实际渲染效果如图 3-59 所示。

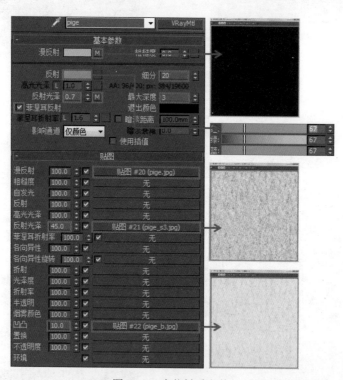

图 3-57　皮革材质参数

（1）在"漫反射"贴图通道中加载一张皮革位图，模拟皮革的颜色和纹理。

（2）设置反射颜色为（红：67，绿：67，蓝：67）、"反射光泽"为0.7，在"反射光泽"贴图通道中加载一张皮革反射光泽位图，默认情况下"高光光泽"和"反射光泽"一起关联控制，表现出皮革有反射且有柔和的高光；勾选"菲涅耳反射"复选项，表现真实世界中的菲涅耳反射现象；设置"细分"为20、"最大深度"为3，使反射效果更加细腻，同时也提高了渲染速度。

（3）打开"贴图"卷展栏，设置反射光泽的"混合比例"为45，按照这个比例将反射光泽通道中的贴图和灰度值进行混合，进一步调节皮革的高光和反射模糊；在"凹凸"

贴图通道中加载一张皮革凹凸位图，设置"强度"为10，表现出表面的纹理感。

图3-58 皮革材质球效果

图3-59 皮革材质渲染效果

3.4.7 床单材质

灰色的床单有布料的纹理，颜色中间较深、边缘浅而亮的衰减效果，有较弱的反射能力但不能成像，表面柔软而粗糙，高光面积较大，根据这些特点来模拟床单材质。在"材质编辑器"中新建一个VRayMtl材质球，具体参数设置如图3-60所示，材质球效果如图3-61所示，实际渲染效果如图3-62所示。

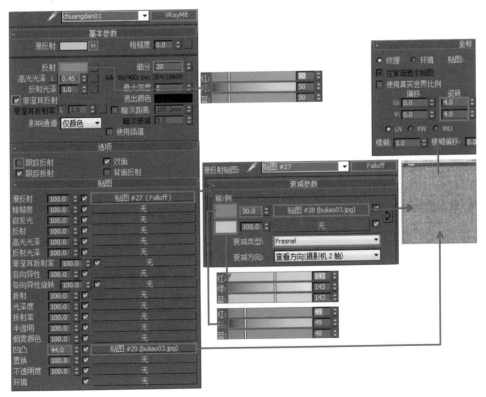

图3-60 床单材质参数

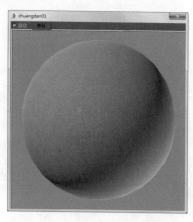

图 3-61　床单材质球效果

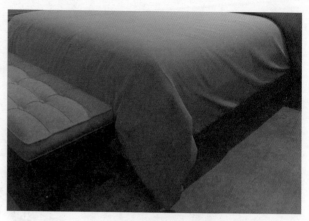

图 3-62　床单材质渲染效果

（1）在"漫反射"贴图通道中加载一张"衰减"程序贴图，设置"前"颜色为（红：49，绿：49，蓝：49），在"前"通道中加载一张床单位图，设置 U、V 方向的"瓷砖"为 4，设置前通道的"混合比例"为 30，按照这个比例将前通道中的贴图和颜色进行混合；设置"侧"颜色为（红：143，绿：143，蓝：143）；设置"衰减类型"为 Fresnel，模拟床单的渐变效果。

（2）设置"反射"颜色为（红：50，绿：50，蓝：50）、"高光光泽"为 0.45，表现床单有较弱的反射能力和较大面积的高光；勾选"菲涅耳反射"复选项，设置"细分"为 20，表现出真实世界的菲涅耳反射现象，让床单渲染出来细腻而没有杂点。

（3）打开"选项"卷展栏，取消勾选"跟踪反射"复选项，使床单有反射但不成像。

（4）打开"贴图"卷展栏，在"凹凸"贴图通道中加载一张与"漫反射"贴图通道中相同的位图，设置凹凸的"强度"为 44，表现床单表面明显的布纹凹凸质感。

3.4.8　抱枕材质

场景中不同位置的抱枕因表面的布料不同材质略有差异，这里以床上摆放的抱枕材质为例进行说明。抱枕有布料的纹理，有反射能力，但反射能力不强，有一定的反射模糊，表面柔软有编织物的粗糙感，根据这些特点来模拟抱枕材质。在"材质编辑器"中新建一个 VRayMtl 材质球，具体参数设置如图 3-63 所示，材质球效果如图 3-64 所示，实际渲染效果如图 3-65 所示。

（1）设置"漫反射"颜色为黑色（红：0，绿：0，蓝：0），在"漫反射"贴图通道中加载一张抱枕位图，设置 U、V 方向的"瓷砖"为 2、"模糊"为 0.8，模拟抱枕的颜色和纹理并调节好纹理大小和清晰程度。

（2）在"反射"贴图通道中加载一张抱枕反射位图，设置"反射光泽"为 0.8、"细分"为 20，表现出较弱的细腻的模糊反射；勾选"菲涅耳反射"复选项，设置"菲涅耳折射率"为 2.1，表现出真实世界的菲涅耳反射现象。

（3）打开"双向反射分布函数"卷展栏，设置"类型"为沃德。沃德适合表面柔软或粗糙的物体，高光区域最大。

图 3-63　抱枕材质参数

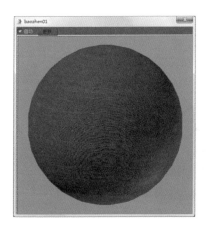

图 3-64　抱枕材质球效果

图 3-65　抱枕材质渲染效果

（4）打开"贴图"卷展栏，设置漫反射的"混合比例"为50，按照这个比例将漫反射通道中的贴图和颜色进行混合，进一步调节抱枕的颜色；在"凹凸"贴图通道中加载一张抱枕凹凸位图，设置凹凸的"强度"为22，表现抱枕表面的粗糙。

至此，卧室场景中的主要材质已经介绍完了，对于其他未讲解的材质，读者可参考以上讲述的各种不同物体的材质设置方法进行模拟。

3.5 最终渲染

当构图、灯光、材质都处理好以后，就将渲染最终效果图。下面在测试渲染的基础上设置成品参数，开始最终渲染。需要注意的是，这里给出的成品渲染参数只是给读者一个参考，在商业效果图中，质量和速度一直是大家关注的问题，建议读者权衡两者，选择一个折中的参数进行最终渲染。

（1）按 F10 键打开"渲染设置"对话框，单击"公用"选项卡，设置"宽度"为 2000、"高度"为 1500，如图 3-66 所示。

图 3-66　设置公用参数

（2）单击 V-Ray 选项卡，打开"图像采样器（抗锯齿）"卷展栏，设置"图像采样器"的"类型"为自适应、"最小着色速率"为 2、"过滤器"为 Mitchell-Netravali，如图 3-67 所示。

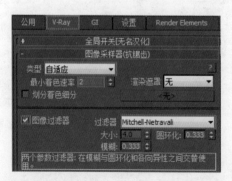

图 3-67　设置"图像采样器（抗锯齿）"参数

（3）打开"自适应图像采样器"卷展栏，设置"最小细分"为 2、"最大细分"为 7、

"颜色阈值"为 0.006，如图 3-68 所示。

图 3-68 设置"自适应图像采样器"参数

（4）打开"全局确定性蒙特卡洛"卷展栏，切换到"高级模式"，设置"最小采样"为 20、"自适应数量"为 0.76、"噪波阈值"为 0.002，如图 3-69 所示。

图 3-69 设置"全局确定性蒙特卡洛"参数

（5）打开"颜色贴图"卷展栏，设置"类型"为莱因哈德、"加深值"为 0.8，莱因哈德是线性倍增和指数相混合的模式，如果加深值为 1.0，则结果是线性颜色贴图，如果加深值为 0.0，则结果是指数颜色贴图；设置"倍增"为 1.1，稍微提高图片亮度，如图 3-70 所示。

图 3-70 设置"颜色贴图"参数

（6）单击 GI 选项卡，打开"发光图"卷展栏，设置"当前预设"为中、"细分"为 60、"插值采样"为 30，如图 3-71 所示。

图 3-71 设置"发光图"参数

（7）打开"灯光缓存"卷展栏，设置"细分"为 1500，如图 3-72 所示。

图 3-72 设置"灯光缓存"参数

（8）按 C 键切换到摄影机视图，按快捷键 Shift+Q 渲染场景，如图 3-73 所示。

图 3-73　最终渲染效果

本章小结

　　本章主要介绍了现代风格卧室——晚间氛围表现的风格特点、场景构图、灯光布置、材质模拟、渲染等的方法与技巧。现代风格追求时尚与潮流，重视功能和空间组织，讲究材料自身的质地和色彩的配置效果。采用横向场景构图展示卧室空间和家具、饰品对象；使用 VR 穹顶灯光模拟夜晚的天光，表现晚间氛围；使用目标灯光模拟射灯、筒灯；使用 VR 平面灯光模拟灯带；使用 VR 球体灯光模拟台灯，丰富光效，表现室内局部照明。对墙纸、背景墙软包、木地板、灰漆、床头柜、皮革、床单、抱枕等材质进行模拟，营造出时尚而舒适的现代风格。

课后习题

　　一、选择题

　　1. VR- 灯光的类型有（　　）。

A．平面　　　　B．穹顶　　　C．球体

D．网格　　　　E．圆形

2．筒灯光源一般用（　　）灯光来模拟。

A．目标　　　　B．自由　　　C．mr天空入口　　　D．VR太阳

3．灯带光源一般用（　　）灯光来模拟。

A．VR穹顶　　　　　　　　B．VR平面

C．VR太阳　　　　　　　　D．VR环境

4．"双向反射分布函数"的类型有（　　）。

A．多面　　　　　　　　　B．反射

C．沃德　　　　　　　　　D．Microfacet GTR(GGX)

5．在渲染设置中，常用图像采样器的类型有（　　）。

A．固定　　　　　　　　　B．自适应

C．自适应细分　　　　　　D．渐进

二、简述题

1．使用"颜色"贴图来处理曝光时，线性倍增、指数、莱因哈德这几种类型的区别是什么？

2．现代风格的表现特点有哪些？

第 4 章
Unreal Engine 4 基础

【学习目标】
- 掌握 Unreal Engine 4 的安装方法。
- 理解 Unreal Engine 4 的常用术语。
- 熟悉 Unreal Engine 4 关卡编辑器界面及基本操作。

4.1 Unreal Engine 4 的安装

Unreal Engine 4 支持 Windows 和 Mac OS X 两个主流平台系统，用户可以根据自己的计算机平台进行选择，本书以 Windows 系统环境为例对其安装进行说明。

（1）浏览 UnrealEngine.com 网站，单击"下载"按钮，如图 4-1 所示。

图 4-1　UE4 中文官网

（2）创建你的 Epic Games 账户。在弹出的页面中按提示填写个人信息，勾选"我已经阅读并同意服务条款"复选项，单击"创建账户"按钮，如图 4-2 所示。

（3）在弹出的页面中勾选"我已经阅读并同意最终用户授权协议"复选项，单击"接受"按钮，如图 4-3 所示。

图 4-2　创建账户

图 4-3　创建账户

（4）创建好账户后，下载相应的版本，如单击 WINDOWS，下载 Epic Games Launcher，如图 4-4 所示。

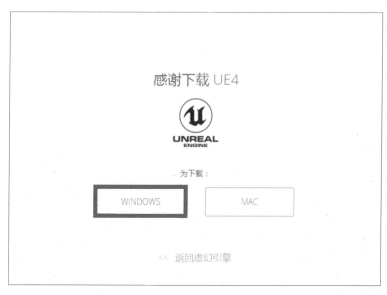

图 4-4　选择相应的系统并下载

（5）Epic Games Launcher 下载完毕后运行安装程序，如图 4-5 所示。

图 4-5　安装 Epic Games Launcher

（6）Epic Games Launcher 安装完成后会自动更新并启动，如图 4-6 所示。

图 4-6　Epic Games Launcher 启动更新

（7）输入账户信息，单击"登入"按钮，如图 4-7 所示。

图 4-7　Epic Games Launcher 登录

（8）Epic Games Launcher 登录成功后，单击 UNREAL ENGINE → "工作" 选项卡，在右边相应的页面中单击 "添加版本" 按钮，选择 4.18.3 版，单击 "安装" 按钮，如图 4-8 所示。

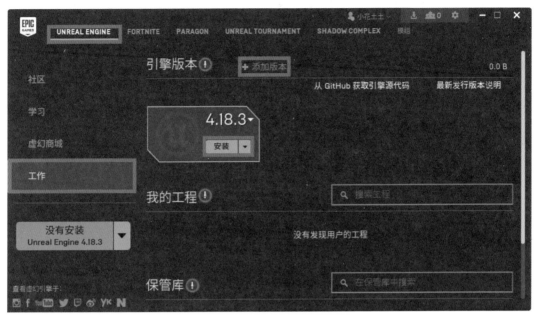

图 4-8　选择 Unreal Engine 版本

（9）在弹出的页面中单击 "浏览" 按钮选择 Unreal Engine 的安装位置，单击 "选项" 按钮勾选 Unreal Engine 要安装的选项，然后单击 "安装" 按钮，如图 4-9 所示。

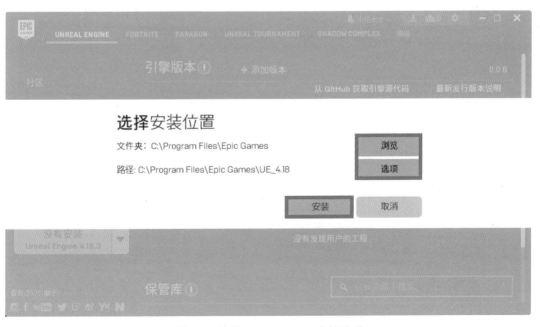

图 4-9　选择 Unreal Engine 安装选项

（10）由于 Unreal Engine 采用在线下载安装，因此请保证网络畅通并耐心等待安装过程，如图 4-10 所示。

图 4-10　安装 Unreal Engine

（11）Unreal Engine 安装完毕后单击"启动"按钮，如图 4-11 所示。

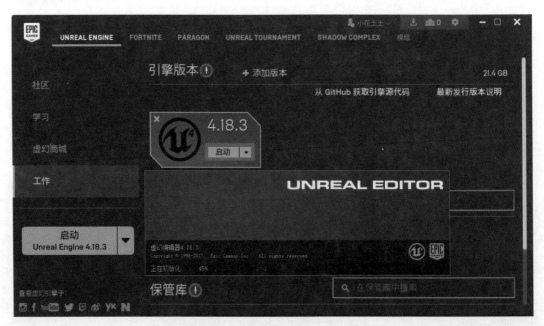

图 4-11　启动 Unreal Engine

（12）为了以后启动 Unreal Engine 更加方便，不必每次都从 Epic Games Launcher 中启动，可以为 Unreal Engine 创建桌面快捷方式。在 Epic Games Launcher 中，单击

UNREAL ENGINE → "工作"选项卡,在右边相应的页面中单击"启动"按钮旁边的下拉箭头,在弹出的下拉菜单中选择"创建快捷方式"选项,如图 4-12 所示。

图 4-12 创建 Unreal Engine 桌面快捷方式

4.2 Unreal Engine 4 常用术语

下面介绍 Unreal Engine 4(简称 UE4)的一些常用术语,这对于 Unreal Engine 4 的学习和应用都十分重要。

- Project(项目):是保存所有组成单独游戏并与硬盘上的一组目录设置相一致的所有内容和代码的自包含单位。
- Object(对象):在虚幻引擎中,最基础的建造单元叫做 Object,对于制作游戏内容来说,它包含了很多必要的背后的功能。虚幻引擎 4 中几乎所有的东西都是继承于 Object。在 C++ 中,UObject 是所有类的基类,实现了诸如垃圾回收、开放变量给编辑器的元数据(UProperty),以及存盘和读盘时的序列化功能。
- Class(类):是一组行为、属性或其他元素(如函数和事件)的集合,在创建虚幻引擎游戏时要使用特殊的元素。类是以层次化结构呈现的;一个类继承其父类(它所继承的类)并将信息传给其子类。类既可以使用 C++ 中的代码创建,也可以使用蓝图创建。
- Actor:是可以放置在关卡中的任意对象。Actor 是支持三维变换的通用类,如平移、旋转和缩放变换。Actor 可以通过游戏代码(C++ 或蓝图)来创建(Spawn)及销毁。在 C++ 中,AActor 是所有 Actor 的基类。
- Component(组件):是一种特殊类型的对象,用作 Actor 中的一个子对象。组件一般用于需要简单切换部件的地方，以便改变具有该组件的 Actor 的某个特定方面的行为或功能。

- *Pawn（人形体）：是 Actor 的子类，可作为游戏中的化身或人物，例如游戏中的角色。
- Character（角色）：是 Pawn Actor 的子类，用作玩家角色。Character 子类包括碰撞设置、两足动物运动的输入绑定及由玩家控制的运动的额外代码。
- PlayerController（玩家控制器）：PlayerController 类被用于获得玩家输入并将其转化为游戏中的互动，并且每个游戏至少有一个玩家控制器。PlayerController 常常支配着游戏中代表玩家的 Pawn 或角色。
- AIController（人工智能控制器）：正如 PlayerController 控制一个 Pawn 让其代表游戏中的玩家一样，AIController 则控制一个 Pawn 让其代表游戏中的非玩家角色（NPC）。默认情况下，Pawn 和 Character 都将由 AIController 这个基类控制，或者人为为它们指定一个 PlayerController 控制，又或者为其自身创建一个特定的 AIController 子类。
- Brush（画刷）：是用来定义 BSP 关卡几何体和游戏体积的 3D 体积。另外，它也表示用户可以用来对表面或场景涂画不同的值（如颜色）的一种用户接口设备。
- Level（关卡）：是定义的游戏区域，也被称为地图。我们主要通过放置、变换及编辑 Actor 的属性来创建、查看及修改关卡。在虚幻编辑器中，每个关卡都被保存为单独的 .umap 文件，它与项目文件（.uproject）不同。
- World（世界）：包含了所加载的一系列关卡，它处理关卡的动态载入及动态 Actor 的生成（创建）。

4.3 Unreal Engine 4 编辑器界面

在 Unreal Engine 4（简称 UE4）中有着多种不同类型的编辑器窗口。有可能是在 Level Editor 中设计关卡，也有可能是在 Blueprint Editor 下为某个 Actor 编写关卡中的脚本行为，又或者是在 Cascade Editor 中制作粒子特效，或者在 Persona Editor 内设置角色的动画逻辑。下面介绍 UE4 关卡编辑器的默认界面，如图 4-13 所示。

4.3.1 菜单栏

菜单栏集成了 UE4 编辑器中处理关卡时所需的通用工具及命令，通过菜单栏可以对 UE4 的常用功能有直观而清晰的了解。UE4 默认情况下有 4 个菜单项，即文件、编辑、窗口和帮助，如图 4-14 所示。

"文件"菜单主要包含项目与场景的创建、保存、发布等功能；"编辑"菜单主要包括对场景进行一系列编辑以及编辑器设置等功能；"窗口"菜单包含各种窗口的切换、布局等操作；"帮助"菜单能够帮助用户快速地学习和掌握 UE4 使用方法及相关信息。

图 4-13　UE4 关卡编辑器界面

图 4-14　UE4 菜单栏

4.3.2　工具栏

UE4 关卡编辑器的工具栏位于菜单栏的下方，提供一组最常用操作和工具的快捷访问方式，如图 4-15 所示。

图 4-15　UE4 工具栏

4.3.3　模式

"模式"面板包含了编辑器的 5 种工具模式。这些模式会改变关卡编辑器的主要行为以便执行特定的任务，如向世界中放置新资源、创建几何体画刷及体积、给网格物体着色、生成植被、塑造地貌等，如图 4-16 所示。

- 放置模式：用来在场景中放置或调整 Actor，快捷键为 Shift+1。
- 描画模式：在视图中直接在静态网格物体 Actor 上描画顶点颜色和贴图，快捷键为 Shift+2。
- 地貌模式：用来编辑地貌地形，快捷键为 Shift+3。
- 植被模式：用来描画实例化的植被，快捷键为 Shift+4。

● 几何体编辑模式：用来将画刷修改为几何体，快捷键为 Shift+5。

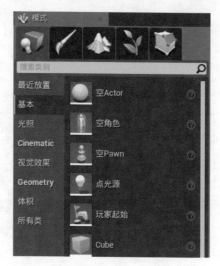

图 4-16　UE4 模式

4.3.4　视图

视图是进入虚幻编辑器中创建的世界的窗口。UE4 视图包含了各种工具和可视查看器，以帮助用户精确地查看所需要的数据，如图 4-17 所示。

图 4-17　UE4 视图

视图的基本操作如下：

（1）透视图。

● 鼠标左键 + 拖拽：前后方向为移动相机，左右方向为旋转相机。

● 鼠标右键 + 拖拽：旋转视图相机。

● 鼠标左键 + 鼠标右键 + 拖拽：上下移动视图相机。

（2）正交视图（顶视图、底视图、左视图、右视图、前视图、后视图）。

- 鼠标左键 + 拖拽：创建一个区域选择框。
- 鼠标右键 + 拖拽：平移视图相机。
- 鼠标左键 + 鼠标右键 + 拖拽：拉伸视图相机镜头。

（3）聚焦。

按 F 键，将相机聚焦到选中的对象上。

（4）透视图导航。

- 按住鼠标右键 +W/ 数字键 8/ ↑：向前移动相机。
- 按住鼠标右键 +S/ 数字键 2/ ↓：向后移动相机。
- 按住鼠标右键 +A/ 数字键 4/ ←：向左移动相机。
- 按住鼠标右键 +D/ 数字键 6/ →：向右移动相机。
- 按住鼠标右键 +E/ 数字键 9/Page Up：向上移动相机。
- 按住鼠标右键 +Q/ 数字键 7/Page Down：向下移动相机。
- 按住鼠标右键 +Z/ 数字键 1：拉远相机（提升视场）。
- 按住鼠标右键 +C/ 数字键 3：推进相机（降低视场）。

（5）透视图平移、旋转及缩放。

- Alt+ 鼠标左键 + 拖拽：围绕一个选中的物体旋转视图。
- Alt+ 鼠标右键 + 拖拽：推动相机使其接近或远离选中的物体。
- Alt+ 鼠标中键 + 拖拽：根据鼠标移动的方向将相机向左、右、上、下移动。

（6）变换操作。

- 按 W 键：选择移动工具。
- 按 E 键：选择旋转工具。
- 按 R 键：选择缩放工具。
- 按 V 键：启用顶点对齐功能。
- 鼠标中键 + 拖拽（支点上）：将选中项的支点临时移动到偏移量变换处。

（7）显示操作。

- 按 G 键：切换到 Game Mode（游戏模式），该模式使得视图仅渲染在游戏中看到的内容。
- 按 Ctrl+R 键：切换激活视图中的实时播放。
- 按 F11 键：切换到浸入式模式，使得视图全屏。

（8）视图切换。

默认情况下，UE4 编辑器显示一个单独的透视图，通过单击视图左上角的"透视图"按钮可以进行视图切换，如图 4-18 所示。

- Perspective：透视图，快捷键为 Alt+G。
- Top：正交顶视图，快捷键为 Alt+J。
- Bottom：正交底视图，快捷键为 Alt+Shift+J。
- Left：正交左视图，快捷键为 Alt+K。
- Right：正交右视图，快捷键为 Alt+Shift+K。

图 4-18　UE4 视图切换

- Front：正交前视图，快捷键为 Alt+H。
- Back：正交后视图，快捷键为 Alt+Shift+H。
- Default Viewport：默认视图，快捷键为 Shift+D。
- Cinematic Viewport：电影视图（最终输出尺寸比例视图），快捷键为 Shift+C。

4.3.5　内容浏览器

内容浏览器是 UE4 编辑器的主要区域，用于在 UE4 编辑器中创建、导入、组织、查看和修改内容资源。它同时提供了管理内容文件夹以及在资源上执行其他有用操作的功能，如重命名、移动、复制和查看引用。内容浏览器可以进行搜索且可以和游戏中的所有资源进行交互，如图 4-19 所示。

图 4-19　UE4 的内容浏览器

内容浏览器包含以下功能：

- 浏览游戏中可找到的所有资源并进行交互处理。
- 查找已保存或未保存的资源。
- 通过名称、路径、标签或类型来在搜索资源框中输入文本以查找资源。在搜索关键字前使用前缀 "-" 来从搜索中排除掉一些资源。
- 单击 "过滤器" 按钮来根据资源类型和其他标准进行筛选。

- 不必再将包从源码控制中迁出即可管理资源。
- 创建本地或私有收藏夹并在其中存储资源以备将来使用。
- 创建共享收藏夹来分享有趣的资源。
- 获取开发助手。
- 显示可能存在问题的资源。
- 使用整合工具来自动移动资源及其依赖资源到其他内容文件夹中。

4.3.6　世界大纲视图

"世界大纲视图"面板以层次化的树状图形式显示了场景中的所有 Actor，用户可以从世界大纲视图中直接选择及修改 Actor，也可以使用 Info（信息）下拉列表来打开额外的竖栏以显示关卡、图层或 ID 名称，如图 4-20 所示。

4.3.7　细节

"细节"面板包含了关于视图中当前选中对象的信息、工具及功能。它包含了用于移动、旋转及缩放 Actor 的变换编辑框，显示了选中 Actor 的所有可编辑属性，并提供了和视图中选中 Actor 类型相关的其他编辑功能的快速访问，如图 4-21 所示。

图 4-20　UE4 的"世界大纲视图"面板

图 4-21　UE4 的"细节"面板

本章小结

Unreal Engine 4 虚幻引擎赋予开发人员更强的能力，是"所见即所得"的平台。它可以很好地弥补一些在 3ds Max 和 Maya 中无法实现的不足，并很好地运用到游戏开发和空间效果表现中去。在可视化编辑窗口中开发人员可以直接对角色、NPC、物品道具、AI

的路点及光源进行自由的摆放和属性的控制，并且全部是实时渲染的。本章主要介绍了 Unreal Engine 4 的安装方法、常用术语、关卡编辑器界面及基本操作，为接下来的虚拟现实效果表现打好基础。

课后习题

一、选择题

1. 下面（   ）是 UE4 的默认菜单项。

    A．文件　　　　　　B．编辑　　　　　　C．窗口　　　　　　D．帮助

2. 下面（   ）是编辑器的工具模式。

    A．放置　　　　　　B．描画　　　　　　C．地貌

    D．植被　　　　　　E．几何体编辑

3. 将相机聚焦到选中对象上的快捷键是（   ）。

    A. G　　　　　　　B. F　　　　　　　C. J　　　　　　　D. K

4. 启用顶点对齐功能的快捷键是（   ）。

    A. W　　　　　　　B. E　　　　　　　C. R　　　　　　　D. V

5. 在透视图中，按住鼠标左键 + 拖拽，前后方向为移动相机，左右方向为旋转相机；按住鼠标左键 + 鼠标右键 + 拖拽，可以实现（   ）。

    A．缩放视图相机　　　　　　　　　　B．旋转视图相机

    C．上下移动视图相机　　　　　　　　D．切换激活视图中的实时播放

二、简述题

1. 内容浏览器的主要功能是什么？
2. "世界大纲视图"面板和"细节"面板的作用是什么？

第5章
虚拟现实客厅效果表现

【学习目标】
- 了解虚拟现实客厅效果表现的特点。
- 掌握导入导出模型资源的流程。
- 掌握场景搭建的技巧。
- 掌握半封闭客厅白天的布光方法。
- 掌握现代风格客厅主要材质的制作方法。
- 掌握创建碰撞外壳的方法。
- 熟悉打包输出的设置和技巧。

5.1 项目介绍

　　虚拟现实技术在国内的商业实践逐渐铺开，在房地产行业其影响引人侧目，VR 虚拟样板间袭来，受到诸多品牌开发商的青睐。这是一种新的表现形式，突破时间和空间的限制，超越实体的看房体验，有别于传统静态效果图，还原真实的光照，与场景互动、自由漫游，优势不言而喻。本项目是虚拟样板间的客厅效果表现，客厅和餐厅相连，不采用硬装墙体分隔，延展了客厅的长度，扩大视觉感受，提高了客厅和餐厅的采光。白天在太阳光和天光的大环境下，通过筒灯保障客厅有足够的光照，使灯光效果更加丰富；再利用灯带点缀天花，增强表现力和层次感。本场景设计的是现代风格，以白色为主调，用少量的黑与明亮黄作点缀；引入了灰色调的水泥地砖来协调色彩，表现其现代感和粗犷感，标榜低调与个性，体现自由与艺术;同时将金属元素引入客厅设计，将金属的刚硬、闪亮与质感进行完美诠释，给空间带来更多惊喜。

5.2 3ds Max 导出模型资源

5.2.1 导出准备

　　在 3ds Max 中，首先对本场景的模型资源进行简化；接着进行 UVW 坐标编辑，第一层通道 UVW 坐标用于对应纹理贴图，第二层通道 UVW 坐标用于对应光影贴图；然后利用标准材质（Standard）和多维 / 子对象材质（Multi/Sub-Object）对模型赋予基本的漫反射颜色或漫反射贴图，这些内容在《虚拟现实（VR）模型制作项目案例教程》一书中进行了详细介绍，此处不再赘述。打开"B 户型 .max"文件，将场景单位转换为厘米，并将场景移动到世界坐标原点的位置，完成导出前的准备工作。

（1）3ds Max 效果图模型通常使用毫米为单位，而 UE4 里使用厘米为单位，所以这里先进行单位的转换。在菜单栏中单击"自定义"→"单位设置"命令，打开如图 5-1 所示的"单位设置"对话框。

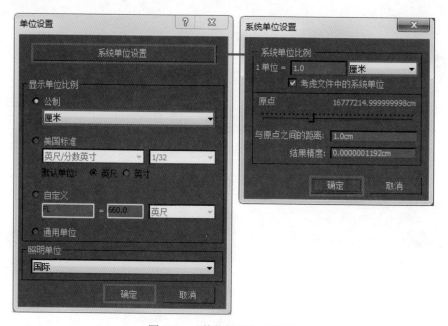

图 5-1 "单位设置"对话框

（2）单击"系统单位设置"按钮，在弹出的"系统单位设置"对话框中将系统单位设置为"厘米"，然后单击"确定"按钮。

（3）返回"单位设置"对话框，将显示单位也设置为"厘米"，单击"确定"按钮。

（4）用辅助对象里的"卷尺"测量一下，发现单位由毫米转换为厘米之后还需要将场景缩小为原来的 1/10。将场景中的所有模型成组，在"实用程序"面板中单击"更多"按钮，打开如图 5-2 所示的"实用程序"对话框。

（5）选择"重缩放世界单位"程序，单击"确定"按钮。

（6）在"实用程序"面板中单击"重缩放"按钮，弹出"重缩放世界单位"对话框，设置"比例因子"为 0.1，在"影响"区域中选择"场景"单选项，单击"确定"按钮将场景缩小为原来的 1/10，如图 5-3 所示。

（7）单位转换成厘米并且完成相应的缩放之后，将场景移动到世界坐标原点的位置。在主工具栏中右击"选择并移动"按钮，弹出"移动变换输入"对话框，分别设置绝对世界的 X、Y、Z 为 0cm，如图 5-4 所示。

（8）将场景解组。

图 5-2 "实用程序"对话框

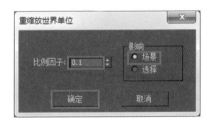

图 5-3 缩小场景

图 5-4 移动场景

5.2.2 导出 FBX 文件

在 3ds Max 中对场景模型资源进行了分层管理,因此也可以按照这种分层的思想分别将墙体、天花、门、窗、客厅等各层的模型导出,下面以墙体层模型的导出为例进行说明。

(1)打开"层"工具栏,只显示 Wall 层,选择该层的所有模型,单击左上角的"应用程序"按钮,在弹出的下拉菜单中单击"导出"→"导出选定对象"命令,如图 5-5 所示。

(2)弹出"选择要导出的文件"对话框,选择保存的位置,输入保存的名字,设置"保存类型"为 Autodesk(*.FBX),单击"保存"按钮,如图 5-6 所示。

图 5-5　导出选定对象菜单操作

图 5-6　"选择要导出的文件"对话框

（3）弹出"FBX 导出"对话框，勾选"几何体"卷展栏中相应的复选项；取消勾选"动画""摄影机"和"灯光"复选项；在"单位"卷展栏中取消勾选"自动"复选项，在"场景单位转化为"中选择"厘米"；在"FBX 文件格式"卷展栏中，选择较高版本的FBX，单击"确定"按钮，如图 5-7 所示。

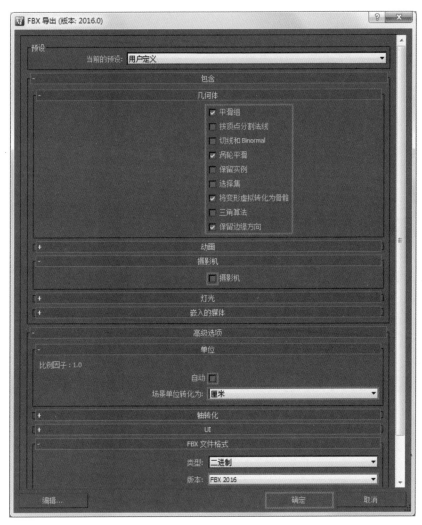

图 5-7   "FBX 导出"对话框

至此，墙体层模型的导出已经介绍完了，对于其他层模型的导出读者可参考以上讲述的方法进行操作。

5.3   UE4 导入模型资源

5.3.1   导入准备

在 Unreal Engine 4 中，首先要新建一个项目，然后在项目中分别创建用于管理各类资源的文件夹，完成导入前的准备工作。

（1）运行 Unreal Editor 程序，在虚幻项目浏览器中单击"新建项目"选项卡，在下面相应的页面中单击"蓝图"选项卡中的"空白"模板，选择"桌面 / 游戏机"运行平台、"最高质量"和"具有初学者内容"，指定项目路径、项目名称（建议路径、项目名称均使用英文），单击"创建项目"按钮，如图 5-8 所示。

图 5-8　在 UE4 中新建项目

（2）项目创建完成，UE4 会在新建的项目中根据上一步的相关设置自动生成一个新的关卡。由于前面选择了"具有初学者内容"来创建项目，因此项目中会自动带有一些蓝图、模型、材质、贴图等，在"世界大纲视图"面板中选择 StaticMeshes 文件夹中自动生成的模型并将其删除，如图 5-9 所示。

图 5-9　删除 StaticMeshes 文件夹中自动生成的模型

（3）在"内容浏览器"中，右击"内容"文件夹，在弹出的快捷菜单中单击"新建文件夹"命令，输入文件夹名 MyMaps，用来管理当前关卡。单击"文件"→"保存当前关卡为"命令，弹出"将关卡另存为"对话框，选择保存路径为 /Qame/MyMaps，输入关卡名称，单击"保存"按钮，如图 5-10 所示。

图 5-10　将当前关卡另存到 MyMaps 中

（4）在"内容浏览器"中，右击"内容"文件夹，在弹出的快捷菜单中单击"新建文件夹"命令，输入文件夹名 MyMeshes，用来管理导入的模型。用同样的方法再创建两个文件夹 MyMaterials 和 MyTextures，分别用来管理导入的材质和贴图，如图 5-11 所示。

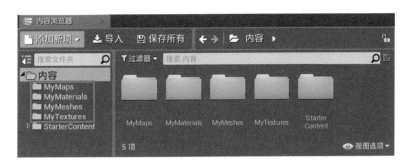

图 5-11　创建管理各类资源的文件夹

5.3.2　导入 FBX 文件

在 Unreal Engine 4 中，需要将墙体、天花、门、窗、客厅家具的 FBX 文件导入。

（1）在"内容浏览器"中，选中 MyMeshes 文件夹，单击"导入"按钮，弹出"导入"对话框，选择前面生成的墙体、天花、门、窗、客厅家具的 FBX 文件，单击"打开"按钮，如图 5-12 所示。

（2）弹出"FBX 导入选项"对话框，取消勾选 Auto Generate Collision 复选项，即不要 UE4 自动生成碰撞；取消勾选 Generate Lightmap UVs 复选项，因为前面已经在 3ds Max 中进行了 UV 展开，UE4 就不需要再自动展开 UV 了；取消勾选 Combine Meshes 复选项，将各个模型以独立的方式导入，而不是将它们合并在一起；勾选 Import Materials 和 Import Textures 复选项，导入模型的同时一起导入材质、贴图；设置好后单击"导入所有"按钮，如图 5-13 所示。

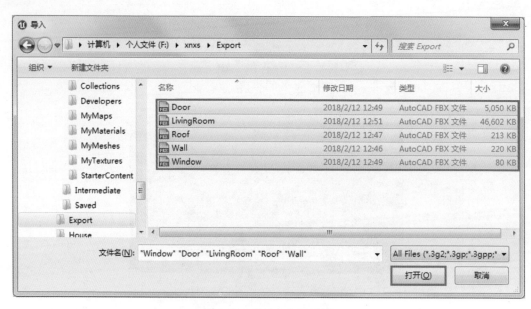

图 5-12 "导入"对话框

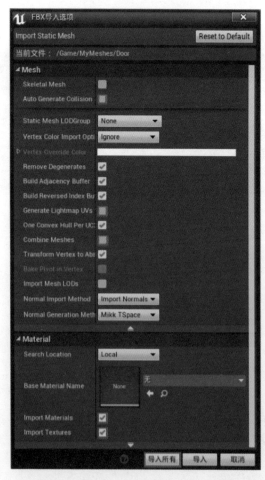

图 5-13 设置"FBX 导入选项"对话框

（3）经过文件载入和格式转换后，资源导入完成。在"内容浏览器"中单击"过滤器"按钮，在弹出的列表中勾选"材质"选项，此时内容浏览器窗口中只显示材质，如图5-14所示。

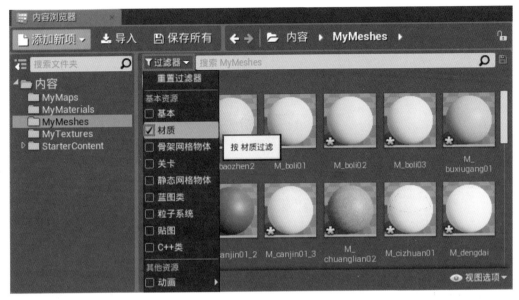

图5-14　使用过滤器功能

（4）选中所有材质并拖拽到MyMaterials文件夹中，在弹出的快捷菜单中选择"移动到这里"选项，将所有的材质移动到MyMaterials文件夹中，如图5-15所示。

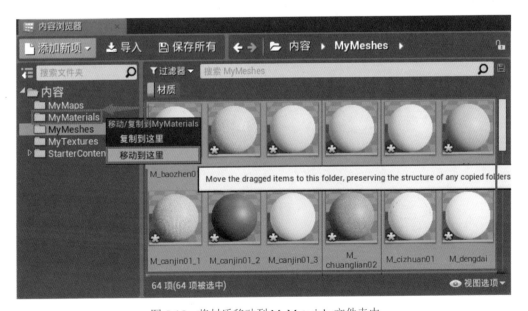

图5-15　将材质移动到MyMaterials文件夹中

（5）同样使用"过滤器"功能只显示"贴图"，选中所有贴图并移动到MyTextures文件夹中，如图5-16所示。

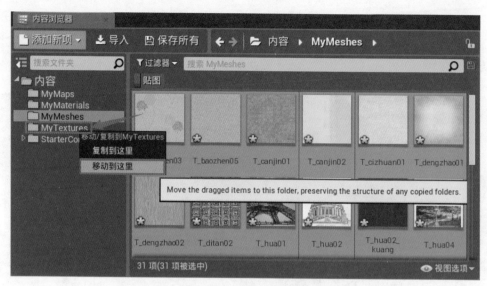

图 5-16　将贴图移动到 MyTextures 文件夹中

经过简单的分类管理后资源看起来更加清晰了，如图 5-17 所示。

图 5-17　资源分类管理

5.4　场景搭建

这里介绍一种简单有效的场景搭建方法，在关卡中不需要将模型一一重新摆放，大大减少了工作量。

（1）在"内容浏览器"中，选择 MyMeshes 文件夹中的所有模型，将其拖拽到当前关卡中，同时在"细节"面板中将位置归到世界坐标原点（X：0、Y：0、Z：0），这样无须对各个模型的位置进行编辑就快速完成了场景搭建，如图 5-18 所示。

图 5-18　场景搭建

（2）世界大纲视图中的 StaticMeshes 文件夹默认即是存放模型素材的，所以在"世界大纲视图"面板中选择上一步拖拽到当前关卡中的模型并在其上右击，在弹出的快捷菜单中选择"移动到"→ StaticMeshes 选项，如图 5-19 所示。

图 5-19　将模型移动到 StaticMeshes 文件夹中

（3）使用图层会使管理关卡的工作变得轻松。单击"窗口"→"图层"命令，打开"图层"面板。在"世界大纲视图"面板的搜索栏中输入关键字 Wall，选择检索出来的所有墙体模型，单击"图层"面板，在"图层"面板空白处右击，在弹出的快捷菜单中选择 Add Selected Actors to New Layer 选项，将选中的对象加入新建的图层，输入图层名称 Wall，这样就完成了对墙体模型的分层管理，如图 5-20 所示。

图 5-20　对墙体对象的分层管理

（4）用同样的方法分别将天花、门、窗、客厅家具模型添加到对应的图层中，方便管理。

5.5　灯光布置

场景搭建已经完成了，下面进行灯光布置。我们将使用定向光源来模拟太阳光、天空光源来模拟天光，表现晴朗的氛围；使用聚光源模拟筒灯，保障足够的光照，丰富灯光效果；使用点光源模拟灯带，增加层次感，增强表现力。

5.5.1　设置玻璃材质

为什么这里要先设置玻璃材质呢？因为玻璃对阳光、天光有阻挡作用，对于室内光照效果来说，对亮度甚至曝光都有很大的影响，所以我们需要先模拟玻璃的材质。

（1）在透视图中选择阳台滑门中的玻璃模型。

（2）由于前面选择了"具有初学者内容"来创建项目，因此项目中会自动带有一些材质，可以直接使用。在内容浏览器中展开 StarterContent → Materials 文件夹，选择 M_Glass 材质；在"细节"面板的 Materials 卷展栏中单击"使用内容浏览器中的资源"按钮，即将材质指定给玻璃模型，如图 5-21 所示。

5.5.2　创建太阳光

（1）在"模式"面板中，单击"放置"模式，再单击"光照"选项卡，将"定向光源"拖拽入关卡中模拟太阳光，如图 5-22 所示。但前面选择了"具有初学者内容"来创建项目，关卡已有定向光源，可以直接使用。

图 5-21　将 M_Glass 材质指定给玻璃模型

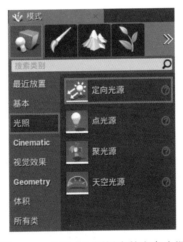

图 5-22　"模式"面板中的定向光源

（2）在视图中选定"定向光源"，将其移动摆放到室内合适的位置，便于调节时观察效果。旋转"定向光源"的照射方向及角度直到产生满意的光照效果。然后在"细节"面板中展开 Light 卷展栏，设置 Intensity（强度）为 3.5、Light Color（颜色）为（R：1.0，G：0.947307，B：0.768151），勾选 Affects World（影响世界）和 Cast Shadows（产生阴影）复选项，如图 5-23 所示。

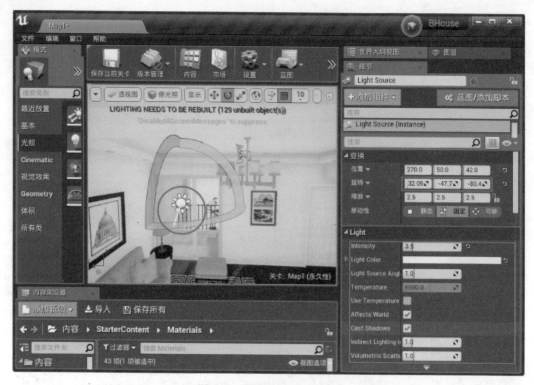

图 5-23　设置定向光源参数

5.5.3　设置天光

（1）在"模式"面板中，单击"放置"模式，再单击"光照"选项卡，将"天空光源"拖拽入关卡中模拟天光，如图 5-24 所示。但前面选择了"具有初学者内容"来创建项目，关卡已有天空光源，可以直接使用。

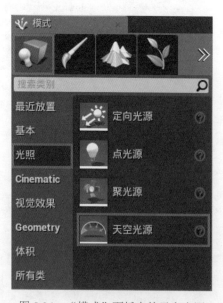

图 5-24　"模式"面板中的天空光源

（2）在视图中选定"天空光源"，然后在"细节"面板中展开 Light 卷展栏，设置 Intensity 为 1、Light Color 为（R：1.0，G：1.0，B：1.0）， 勾 选 Affects World 和 Cast Shadows 复选项，如图 5-25 所示。

图 5-25　设置天空光源参数

5.5.4　设置筒灯

当白天晴朗的氛围把握好以后，需要对室内添加一些灯光以保障客厅有足够的光照，同时也使灯光效果更加丰富。下面用聚光源来模拟筒灯，按照真实的灯光位置在天花四周进行筒灯布光。

（1）切换到顶视图，在"模式"面板中单击"放置"模式，再单击"光照"选项卡，选择"聚光源"并将其拖拽到视图中客厅天花筒灯处，如图 5-26 所示。

（2）切换到左视图，选择聚光源，将其移动到筒灯处，如图 5-27 所示。

（3）选定聚光源，在"细节"面板中展开 Light 卷展栏，设置 Intensity 为 300、Light Color 为（R：1.0，G：1.0，B：1.0）、Inner Cone Angle（内锥角）为 0、Outer Cone Angle（外锥角）为 44、Attenuation Radius（衰减半径）为 350，勾选 Use Temperature（使用色温）复选项，设置 Temperature（色温）为 5000，勾选 Affects World 和 Cast Shadows 复选项；展开 Light Profiles 卷展栏，将内容浏览器中导入的光域网文件 tongdeng3 拖拽至 IES Texture 选项；展开"变换"卷展栏，设置"移动性"为静态，如图 5-28 所示。

（4）切换到顶视图，选择聚光源，按住 Alt 键并拖动复制 10 盏，将其分别移动到另外 10 个筒灯位置处，如图 5-29 所示。

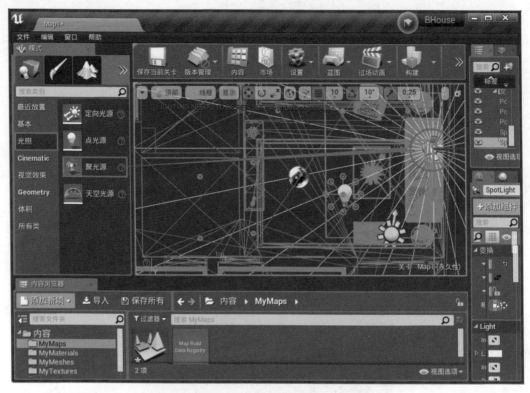

图 5-26　创建筒灯光源

图 5-27　调整筒灯光源位置

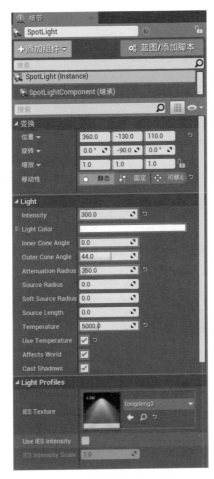

图 5-28　设置筒灯光源参数

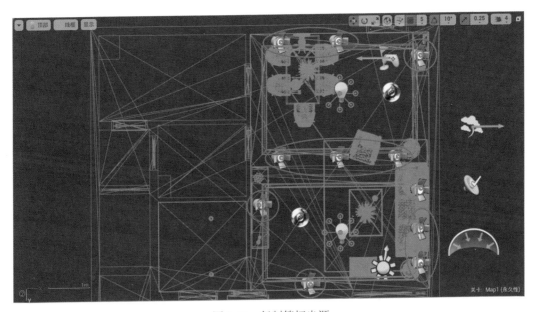

图 5-29　复制筒灯光源

（5）世界大纲视图中的 Lights 文件夹默认即是存放灯光的，所以在"世界大纲视图"面板中选择刚才创建的 11 盏聚光源并在其上右击，在弹出的快捷菜单中选择"移动到"→ Lights 选项，如图 5-30 所示。

图 5-30　将筒灯光源移动到 Lights 文件夹中

5.5.5　设置灯带

场景的照明已基本完成，但既然是虚拟现实效果表现，就要考虑艺术性，为了使灯光效果更加有层次感，下面将使用点光源来模拟灯带，点缀天花，增强表现力。

（1）切换到顶视图，在"模式"面板中单击"放置"模式，再单击"光照"选项卡，选择"点光源"并将其拖拽到视图中客厅天花灯带处，如图 5-31 所示。

（2）切换到左视图，选择点光源，将其移动到灯带处，如图 5-32 所示。

（3）选定点光源，在"细节"面板中展开 Light 卷展栏，设置 Source Radius（光源半径）为 4、Source Lenght（光源长度）为 240，把光源变成较细的长条状模拟灯带，此时发现长条状光源的方向和灯槽的方向是垂直的，所以将光源旋转 90 度以保持一致；设置 Attenuation Radius（衰减半径）为 150，该值一般要大于光源长度的一半，让灯带在可视范围内不要表现出明显的衰减；设置 Intensity 为 300、Light Color 为（R：0.99，G：0.927735，B：0.8118），勾选 Use Temperature 复选项，设置 Temperature 为 5000，勾选 Affects World 和 Cast Shadows 复选项；展开"变换"卷展栏，设置"移动性"为静态，如图 5-33 所示。

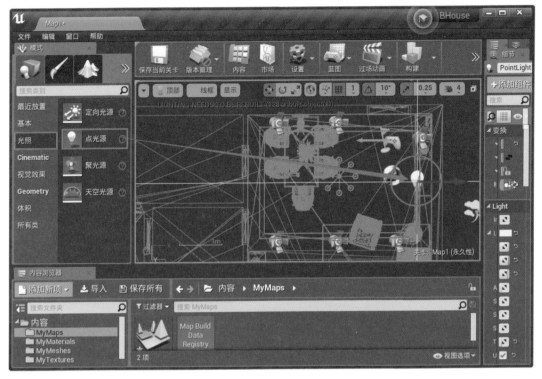

图 5-31　创建灯带光源

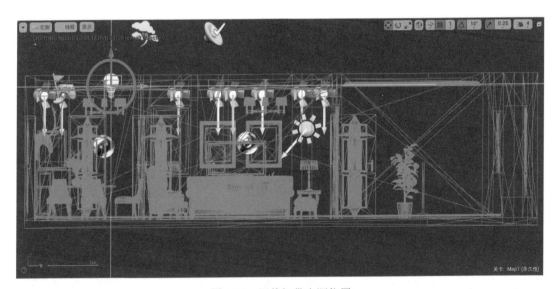

图 5-32　调整灯带光源位置

（4）切换到顶视图，选择点光源，按住 Alt 键并拖动复制 7 盏，将其分别移动到另外 7 个灯槽处，并根据灯槽的具体长度和方向对点光源进行调节，如图 5-34 所示。

（5）世界大纲视图中的 Lights 文件夹默认即是存放灯光的，所以在"世界大纲视图"面板中选择刚才创建的 8 盏点光源并在其上右击，在弹出的快捷菜单中选择"移动到"→ Lights 选项，如图 5-35 所示。

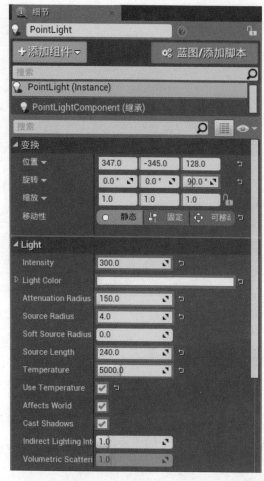

图 5-33　设置灯带光源参数

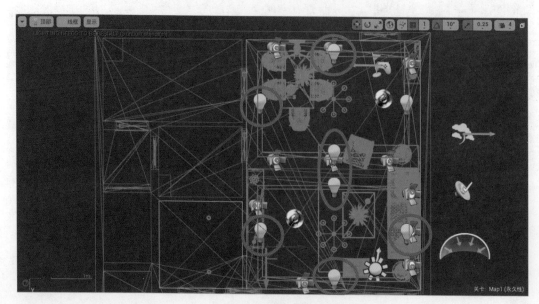

图 5-34　复制灯带光源

图 5-35　将灯带光源移动到 Lights 文件夹中

5.5.6　测试构建

灯光布置后显然要进行测试构建，才能知道灯光的颜色、强度、位置是否合适，是否有曝光问题等。下面简单设置一下光照质量，开始测试构建。

（1）在关卡编辑器中，单击工具栏上"构建"按钮旁边的下拉箭头，在弹出的下拉菜单中选择"光照质量"为"预览"级别，如图 5-36 所示。

图 5-36　设置光照质量参数

（2）切换到透视图，单击工具栏上的"构建"按钮，构建关卡，如图 5-37 所示。

图 5-37　测试构建

（3）在构建后的场景中，看到墙面、天花、沙发等处都出现了一些像黑色污渍般的阴影，筒灯投射在墙面上的光影也很模糊，这些可以通过适当提高灯光贴图分辨率来解决。以墙面为例，在透视图中选择"客厅墙体"模型，在"细节"面板中展开 Static Mesh 卷展栏，双击墙体模型进入静态网格体编辑器，在静态网格体编辑器的"细节"面板中展开 General Settings 卷展栏，根据墙体面积比较大的特点设置 Light Map Resolution（灯光贴图分辨率）为 2048，如图 5-38 所示。

图 5-38　提高灯光贴图分辨率

（4）天花、沙发等根据模型大小和需要的表现效果也适当提高灯光贴图分辨率。调节好后，回到关卡编辑器重新构建场景，此时场景中的光影就正常了，如图5-39所示。

图5-39　调整后的测试构建

5.6　材质模拟

UE4支持PBR，材质效果非常强大。在3ds Max中，已经利用标准材质（Standard）和多维/子对象材质（Multi/Sub-Object）对模型赋予了基本的漫反射颜色或漫反射贴图，本节将在此基础上在UE4中通过若干节点创造出拟真度非常高的客厅材质效果，如乳胶漆、墙纸、水泥地砖、电视、沙发、角几、茶几、地毯、陶瓷、筒灯等。

5.6.1　天花乳胶漆材质

（1）在透视图中选择客厅天花的模型，在"细节"面板中展开Materials卷展栏，双击乳胶漆材质进入材质编辑器。

（2）模拟天花乳胶漆颜色。将连接到"基础颜色"的VectorParameter（矢量参数）节点的颜色调整为白色（R：0.960784，G：0.960784，B：0.960784）。VectorParameter节点与Constant4Vector（常量4矢量）完全相同，只不过它是可在材质实例中以及通过代码来修改的参数。VectorParameter（矢量参数）的一个好处是，它的值可使用取色器来设置。

（3）模拟天花乳胶漆粗糙度效果。创建Constant（常量）节点，在"控制板"的搜索框中输入关键字进行检索，在"常量"类的节点中选择Constant并将其拖拽到材质编辑器窗口中；或者在材质编辑器的空白处按下1+鼠标左键，也可创建一个Constant节点。Constant 节点输出单个浮点值。这是最常用的表达式之一，并可连接到任何输入，而不必考虑该输入所需的通道数。选中 Constant 节点，在"细节"面板中展开 Material Expression Constant 卷展栏，设置 Value 的值为 0.7，将该节点连接到基础材质节点的"粗糙度"上，如图 5-40 所示。

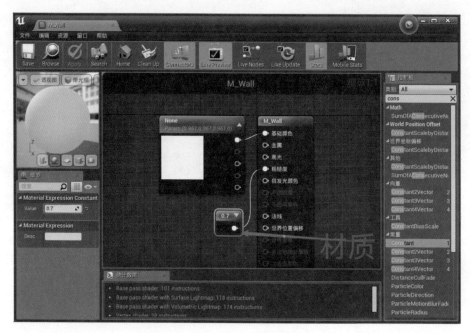

图 5-40　模拟天花乳胶漆粗糙度效果

（4）调节完毕后，单击工具栏中的 Apply 按钮应用设置，再单击 Save 按钮保存设置，然后回到关卡编辑器中观察天花乳胶漆的效果，如图 5-41 所示。

图 5-41　天花乳胶漆材质效果

5.6.2 墙纸材质

（1）在内容浏览器的 MyTextures 文件夹中导入墙纸高光、粗糙度、法线贴图，如图 5-42 所示。

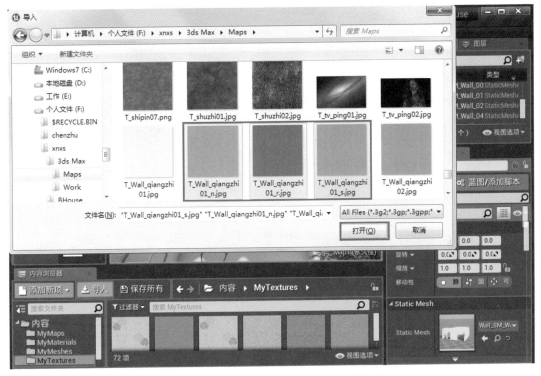

图 5-42　导入墙纸高光、粗糙度、法线贴图

（2）在透视图中选择"客厅墙体"模型，在"细节"面板中展开 Materials 卷展栏，双击墙纸材质进入材质编辑器。

（3）取消材质编辑器窗口最大化显示，在内容浏览器中选中刚刚导入的三张贴图并将其拖拽到材质编辑器窗口中，UE4 会自动将拖入的贴图转换为 TextureSample（纹理取样）节点，如图 5-43 所示。TextureSample 节点输出纹理中的颜色值。此纹理可以是常规 Texture2D（包括法线贴图）、立方体贴图或电影纹理。

（4）调节墙纸纹理大小。创建 TextureCoordinate（纹理坐标）节点，在"控制板"的搜索框中输入关键字进行检索，在"坐标"类的节点中选择 TextureCoordinate 并将其拖拽到材质编辑器窗口中；或者在材质编辑器的空白处按下 U+ 鼠标左键，也可创建一个 TextureCoordinate 节点。TextureCoordinate 节点以双通道矢量值形式输出 UV 纹理坐标，从而允许材质使用不同的 UV 通道、指定平铺以及以其他方式对网格的 UV 执行操作。选中 TextureCoordinate 节点，在"细节"面板中展开 Material Expression Texture Coordinate 卷展栏，设置 UTiling（U 平铺）的值为 2、VTiling（V 平铺）的值为 2，将该节点分别连接到高光、粗糙度、法线纹理的 TextureSample 节点的 UVs 上，如图 5-44 所示。

143

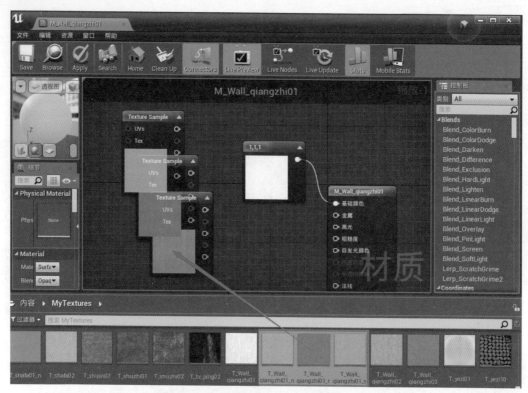

图 5-43　将贴图拖入材质编辑器中

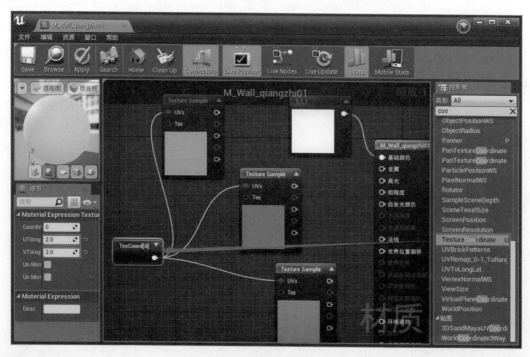

图 5-44　调节墙纸纹理大小

（5）模拟墙纸高光、凹凸效果。将高光、法线纹理的 TextureSample 节点分别连接到基础材质节点的"高光"和"法线"上，如图 5-45 所示。

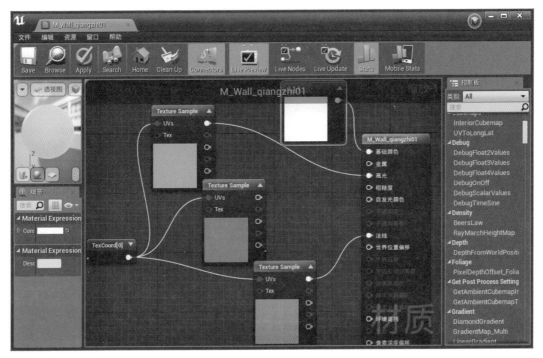

图 5-45　模拟墙纸高光、凹凸效果

（6）模拟墙纸粗糙度效果。创建 Multiply（乘）节点，在"控制板"的搜索框中输入关键字进行检索，在"计算"类的节点中选择 Multiply 并将其拖拽到材质编辑器窗口中，或者在材质编辑器的空白处按下 M+ 鼠标左键，也可创建一个 Multiply 节点；Multiply 节点接收两个输入，将其相乘，乘法按通道进行，然后输出结果，类似于 Photoshop 的多层混合。将粗糙度纹理的 TextureSample 节点连接到 Multiply 节点的 A 上；按下 1+ 鼠标左键创建一个 Constant(常量)节点，设置其数值为 4.5,将该节点连接到 Multiply 节点的 B 上；将 Multiply 节点连接到基础材质节点的"粗糙度"上，如图 5-46 所示。

（7）调节完毕后，单击工具栏中的 Apply 按钮应用设置，再单击 Save 按钮保存设置，然后回到关卡编辑器中观察墙纸的效果，如图 5-47 所示。

5.6.3　水泥地砖材质

（1）在透视图中选择"客厅地面"模型，在"细节"面板中展开 Materials 卷展栏，双击水泥地砖材质进入材质编辑器。

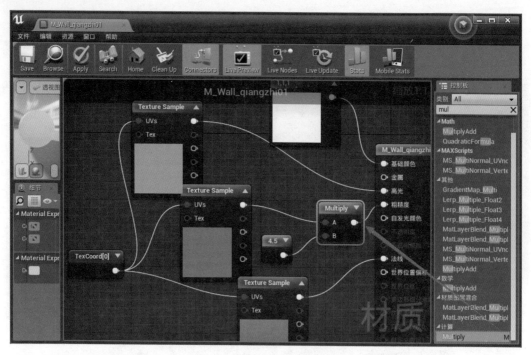

图 5-46 模拟墙纸粗糙度效果

图 5-47 墙纸材质效果

（2）调节水泥地砖纹理颜色。创建 LinearInterpolate（线性插值）节点，在"控制板"的搜索框中输入关键字进行检索，在"工具"类的节点中选择 LinearInterpolate 并将其拖拽到材质编辑器窗口中，或者在材质编辑器的空白处按下 L＋鼠标左键，也可创建一个 LinearInterpolate 节点；LinearInterpolate 节点根据用作蒙版的第三个输入值在两个输入值之间进行混合。可以将其想像成用于定义两个纹理之间的过渡效果的蒙版，例如 Photoshop 中的层蒙版。蒙版 Alpha 的强度确定从两个输入值获取颜色的比例。如果 Alpha 为 0.0/ 黑色，那么将使用第一个输入；如果 Alpha 为 1.0/ 白色，那么将使用第二个输入；如果 Alpha 为灰色（介于 0.0 与 1.0 之间的值），那么输出是两个输入之间的混合。请记住，混合按通道进行。将水泥地砖纹理的 TextureSample（纹理取样）节点的蓝色通道连接到 LinearInterpolate 节点的 Alpha 上。选中 LinearInterpolate 节点，在"细节"面板中展开 Material Expression Linear Interpolate 卷展栏，设置 Const A（常量 A）的值为 0.12、Const B（常量 B）的值为 0.4，将该节点连接到基础材质节点的"基础颜色"上，如图 5-48 所示。

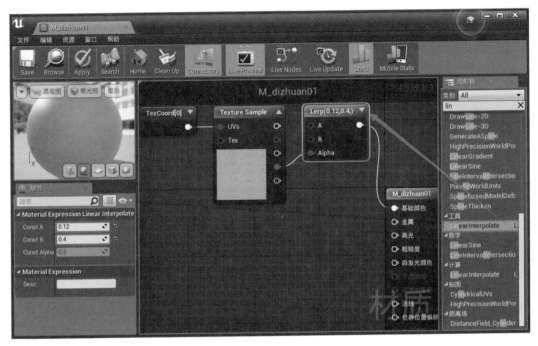

图 5-48　调节水泥地砖纹理颜色

（3）在内容浏览器的 MyTextures 文件夹中导入水泥地砖的高光、粗糙度、法线贴图，如图 5-49 所示。

（4）取消材质编辑器窗口最大化显示，在内容浏览器中选中刚刚导入的 4 张贴图并将其拖拽到材质编辑器窗口中，UE4 会自动将拖入的贴图转换为 TextureSample（纹理取样）节点，如图 5-50 所示。

（5）调节水泥地砖高光、粗糙度、凹凸纹理大小。按下 U+ 鼠标左键创建一个 TextureCoordinate（纹理坐标）节点；选中 TextureCoordinate 节点，在"细节"面板中展开 Material Expression Texture Coordinate 卷展栏，设置 UTiling 的值为 5、VTiling 的值为 5，将该节点分别连接到高光、粗糙度、法线纹理的 TextureSample 节点的 UVs 上，如图 5-51 所示。

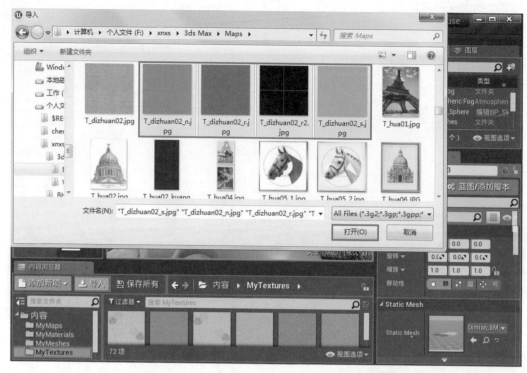

图 5-49　导入水泥地砖高光、粗糙度、法线贴图

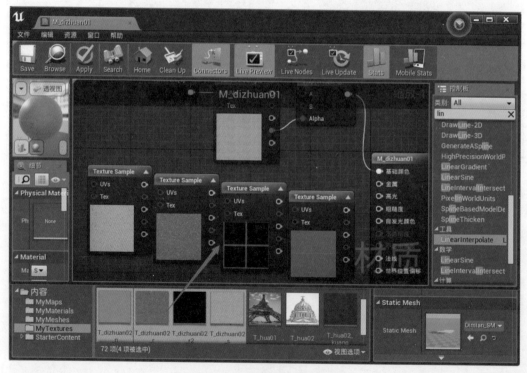

图 5-50　将贴图拖入材质编辑器中

（6）模拟水泥地砖高光效果。将高光纹理的 TextureSample 节点连接到基础材质节点的"高光"上，如图 5-52 所示。

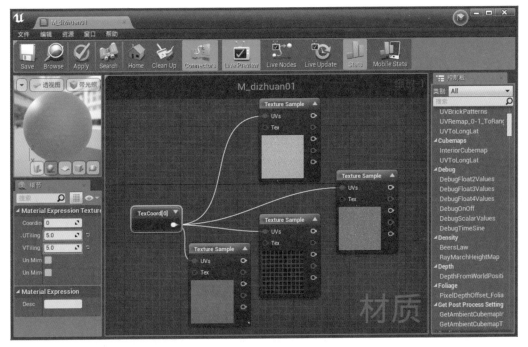

图 5-51　调节水泥地砖高光、粗糙度、法线纹理大小

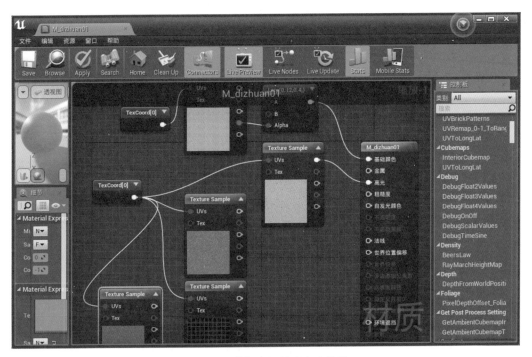

图 5-52　模拟水泥地砖高光效果

（7）模拟水泥地砖粗糙度效果。创建 Add（加）节点，在"控制板"的搜索框中输入关键字进行检索，在"计算"类的节点中选择 Add 并将其拖拽到材质编辑器窗口中，或者在材质编辑器的空白处按下 A+ 鼠标左键，也可创建一个 Add 节点；Add 节点

接收两个输入，将其相加，加法运算按通道执行，然后输出结果；将粗糙度纹理的两个 TextureSample 节点的蓝色通道分别连接到 Add 节点的 A 和 B 上；按下 L+ 鼠标左键创建一个 LinearInterpolate（线性插值）节点，将 Add 节点连接到 LinearInterpolate 节点的 Alpha 上；选中 LinearInterpolate 节点，在"细节"面板中展开 Material Expression Linear Interpolate 卷展栏，设置 Const A 的值为 0.2、Const B 的值为 0.6，将该节点连接到基础材质节点的"粗糙度"上，如图 5-53 所示。

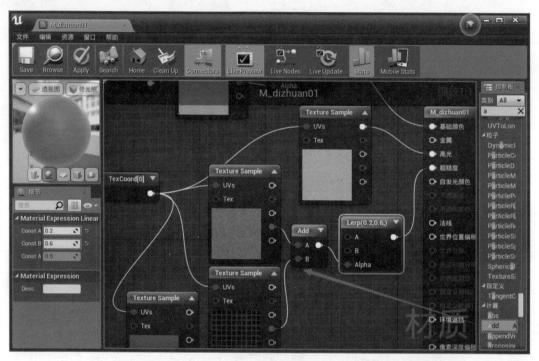

图 5-53　模拟水泥地砖粗糙度效果

（8）模拟水泥地砖凹凸效果。按下 M+ 鼠标左键创建一个 Multiply（乘）节点；将法线纹理的 TextureSample 节点连接到 Multiply 节点的 A 上；按下 3+ 鼠标左键创建一个 Constant3Vector（常量 3 矢量）节点；Constant3Vector 节点输出三通道矢量值，即输出 3 个常量数值。可以将 RGB 颜色看作 Constant3Vector，其中每个通道都被赋予一种颜色（红色、绿色、蓝色）。选中 Constant3Vector 节点，在"细节"面板中展开 Material Expression Constant 3Vector 卷展栏，设置 R 的值为 1、G 的值为 1、B 的值为 0.75，将该节点连接到 Multiply 节点的 B 上；将 Multiply 节点连接到基础材质节点的"法线"上，如图 5-54 所示。

（9）调节完毕后，单击工具栏中的 Apply 按钮应用设置，再单击 Save 按钮保存设置，然后回到关卡编辑器中观察水泥地砖的效果，如图 5-55 所示。

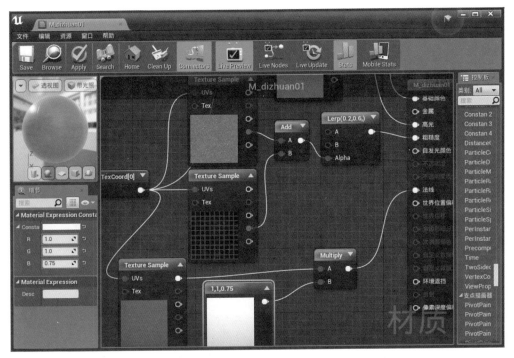

图 5-54　模拟水泥地砖凹凸效果

图 5-55　水泥地砖材质效果

5.6.4　电视材质

电视主要由电视屏幕和黑色玻璃钢边框组成。

1. 电视屏幕材质

（1）在透视图中选择"电视屏幕"模型，在"细节"面板中展开 Materials 卷展栏，双击电视屏幕材质进入材质编辑器。

（2）在内容浏览器的 MyTextures 文件夹中导入电视屏幕贴图，如图 5-56 所示。

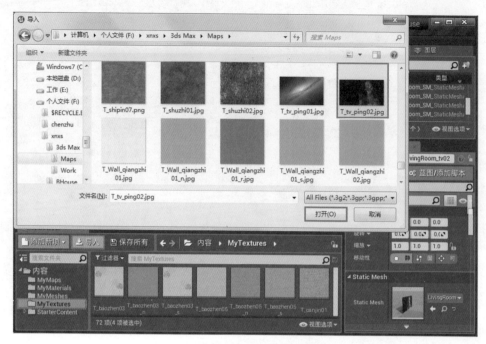

图 5-56　导入电视屏幕贴图

（3）取消材质编辑器窗口最大化显示，在内容浏览器中选中刚刚导入的一张贴图并将其拖拽到材质编辑器窗口中，UE4 会自动将拖入的贴图转换为 TextureSample（纹理取样）节点，如图 5-57 所示。

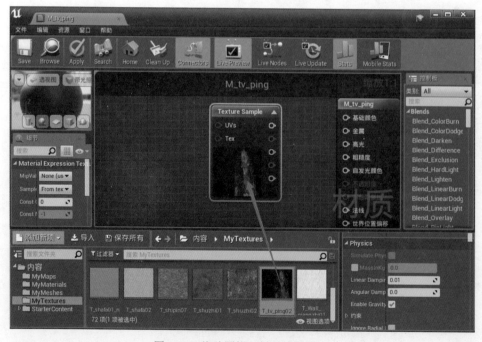

图 5-57　将贴图拖入材质编辑器中

（4）设置电视屏幕的基本颜色和纹理。将电视屏幕纹理的 TextureSample（纹理取样）节点连接到基础材质节点的"基础颜色"上，如图 5-58 所示。

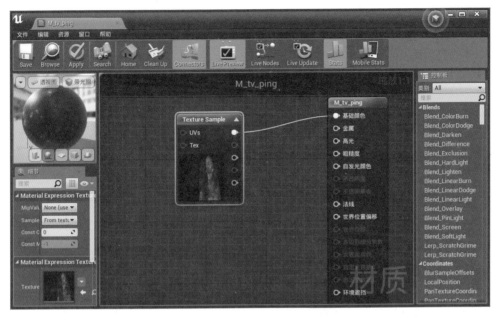

图 5-58　设置电视屏幕基本颜色和纹理

（5）模拟电视屏幕自发光颜色和强度。按下 M+ 鼠标左键创建一个 Multiply（乘）节点；将电视屏幕纹理的 TextureSample 节点连接到 Multiply 节点的 A 上；按下 1+ 鼠标左键创建一个 Constant（常量）节点并设置其值为 3，将该节点连接到 Multiply 节点的 B 上；将 Multiply 节点连接到基础材质节点的"自发光颜色"上，如图 5-59 所示。

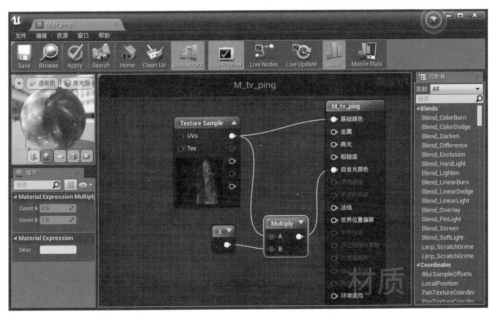

图 5-59　模拟电视屏幕自发光颜色和强度

2. 黑色玻璃钢材质

（1）在透视图中选择"电视边框"模型，在"细节"面板中展开 Materials 卷展栏，双击玻璃钢材质进入材质编辑器。

（2）调节玻璃钢的基本颜色。将连接到"基础颜色"的 VectorParameter（矢量参数）节点的颜色调整为纯黑色（R：0.0，G：0.0，B：0.0）。

（3）模拟黑色玻璃钢的高光和粗糙度。按下 1+鼠标左键创建一个 Constant（常量）节点，并设置其值为 0.9，将该节点连接到基础材质节点的"高光"上；按下 1+鼠标左键再创建一个 Constant 节点，并设置其值为 0.1，将该节点连接到基础材质节点的"粗糙度"上，如图 5-60 所示。

图 5-60　模拟黑色玻璃钢的高光和粗糙度

（4）调节完毕后，单击工具栏中的 Apply 按钮应用设置，再单击 Save 按钮保存设置，然后回到关卡编辑器中观察电视的效果，如图 5-61 所示。

5.6.5　沙发材质

沙发主要由实木支架和织布坐垫组成。

1. 沙发实木材质

（1）在透视图中选择"沙发支架"模型，在"细节"面板中展开 Materials 卷展栏，双击实木材质进入材质编辑器。

（2）在内容浏览器的 MyTextures 文件夹中导入沙发实木的高光、粗糙度、法线贴图，如图 5-62 所示。

图 5-61　电视材质效果

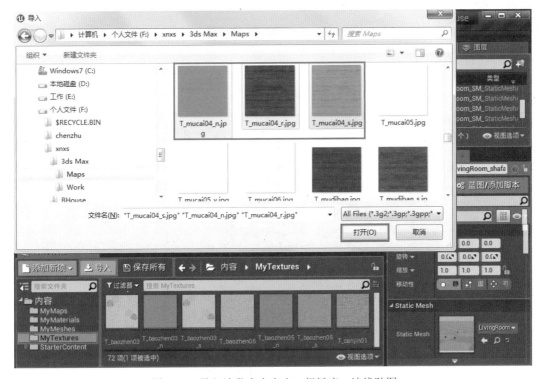

图 5-62　导入沙发实木高光、粗糙度、法线贴图

（3）取消材质编辑器窗口最大化显示，在内容浏览器中选中刚刚导入的 3 张贴图并将其拖拽到材质编辑器窗口中，UE4 会自动将拖入的贴图转换为 TextureSample（纹理取样）节点，如图 5-63 所示。

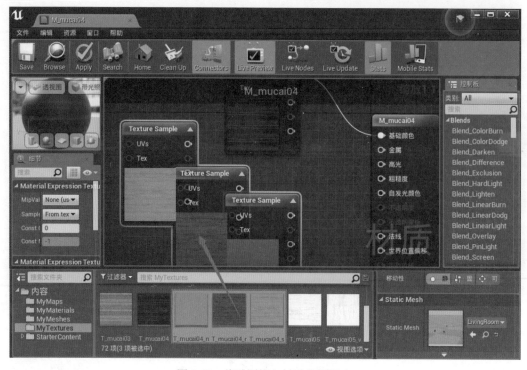

图 5-63　将贴图拖入材质编辑器中

（4）模拟沙发实木高光效果。将沙发实木高光纹理的 TextureSample 节点连接到基础材质节点的"高光"上，如图 5-64 所示。

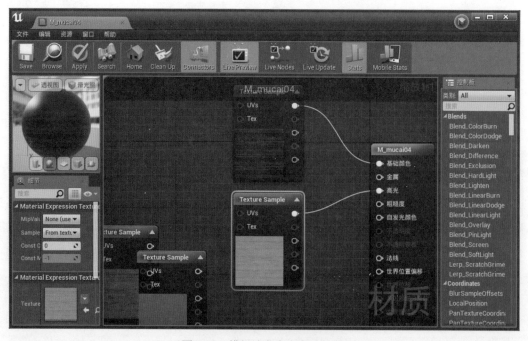

图 5-64　模拟沙发实木高光效果

（5）模拟沙发实木粗糙度，表面非常光滑。按下 M+ 鼠标左键创建一个 Multiply（乘）节点；将沙发实木粗糙度纹理的 TextureSample 节点连接到 Multiply 节点的 A 上；按下 1+ 鼠标左键创建一个 Constant（常量）节点，并设置其值为 0.12，将该节点连接到 Multiply 节点的 B 上；将 Multiply 节点连接到基础材质节点的"粗糙度"上，如图 5-65 所示。

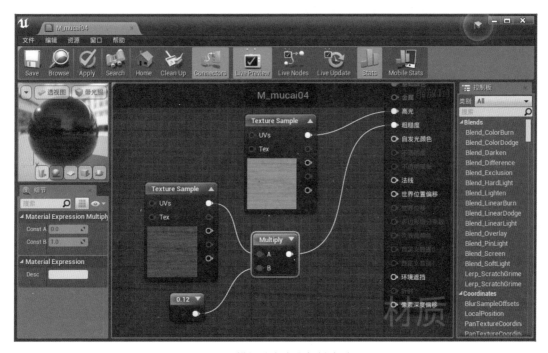

图 5-65　模拟沙发实木粗糙度效果

（6）模拟沙发实木凹凸效果，因为表面很光滑，所以只有很轻微的凹凸。创建 Power（幂）节点，在"控制板"的搜索框中输入关键字进行检索，在"计算"类的节点中选择 Power 并将其拖拽到材质编辑器窗口中，或者在材质编辑器的空白处按下 E+ 鼠标左键，也可创建一个 Power 节点；Power 节点接收两个输入，计算 Base（底数）的 Exp（指数）次幂并输出结果；将沙发实木法线纹理的 TextureSample 节点连接到 Power 节点的 Base 上；按下 1+ 鼠标左键创建一个 Constant（常量）节点，并设置其值为 2，将该节点连接到 Power 节点的 Exp 上；将 Power 节点连接到基础材质节点的"法线"上，如图 5-66 所示。

2. 沙发布材质

（1）在透视图中选择"沙发坐垫"模型，在"细节"面板中展开 Materials 卷展栏，双击沙发布材质进入材质编辑器。

图 5-66　模拟沙发实木凹凸效果

（2）模拟沙发布颜色中间较深、边缘浅而亮的衰减效果。按下 M+ 鼠标左键创建一个 Multiply（乘）节点；复制一个沙发布纹理的 TextureSample 节点，将该节点连接到 Multiply 节点的 A 上；按下 1+ 鼠标左键创建一个 Constant（常量）节点，并设置其值为 3，将该节点连接到 Multiply 节点的 B 上；按下 L+ 鼠标左键创建一个 LinearInterpolate（线性插值）节点；将沙发布纹理的 TextureSample 节点连接到 LinearInterpolate 节点的 A 上，将 Multiply 节点连接到 LinearInterpolate 节点的 B 上；创建 Fresnel（菲涅耳）节点，在"控制板"的搜索框中输入关键字进行检索，在"工具"类的节点中选择 Fresnel 并将其拖拽到材质编辑器窗口中。Fresnel 节点根据表面法线与摄影机方向的标量积来计算衰减，当表面法线正对着摄影机时，输出值为 0；当表面法线垂直于摄影机时，输出值为 1；结果限制在 [0,1] 范围内，以确保不会在中央产生任何负颜色。选中 Fresnel 节点，在"细节"面板中展开 Material Expression Fresnel 卷展栏，设置 Exponent（指数）的值为 2、Base Reflect Fraction（基本反射小数）的值为 0.04，将该节点连接到 LinearInterpolate 节点的 Alpha 上；将 LinearInterpolate 节点连接到基础材质节点的基础颜色上，如图 5-67 所示。

（3）模拟沙发布的高光和粗糙度效果。按下 1+ 鼠标左键创建一个 Constant（常量）节点，并设置其值为 0，将该节点连接到基础材质节点的"高光"上；按下 1+ 鼠标左键再创建一个 Constant 节点，并设置其值为 1，将该节点连接到基础材质节点的粗糙度上，如图 5-68 所示。

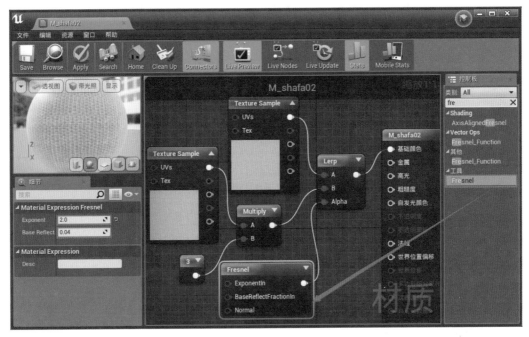

图 5-67　模拟沙发布颜色衰减效果

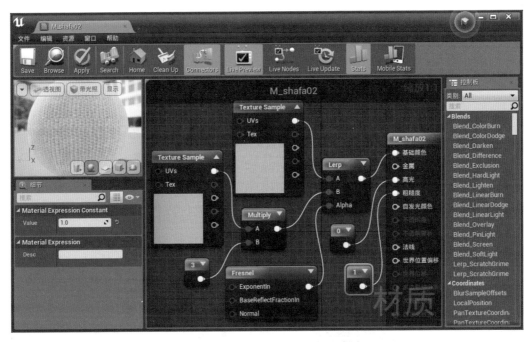

图 5-68　模拟沙发布的高光和粗糙度效果

（4）调节完毕后，单击工具栏中的 Apply 按钮应用设置，再单击 Save 按钮保存设置，然后回到关卡编辑器中观察沙发的效果，如图 5-69 所示。

图 5-69　沙发材质效果

5.6.6　角几实木材质

（1）在透视图中选择"角几"模型，在"细节"面板中展开 Materials 卷展栏，双击实木材质进入材质编辑器。

（2）调节角几实木颜色。按下 3+ 鼠标左键创建一个 Constant3Vector（常量 3 矢量）节点，设置为纯黑色（R:0.0，G:0，B:0.0），将该节点连接到基础材质节点的"基础颜色"上，如图 5-70 所示。

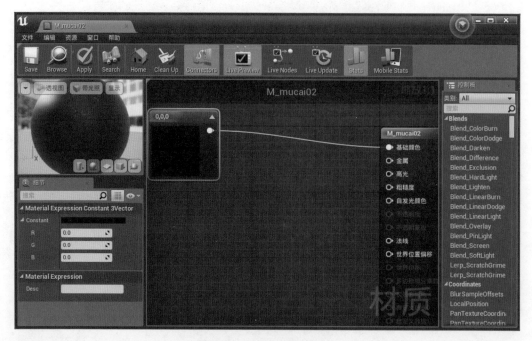

图 5-70　调节角几实木颜色

（3）在内容浏览器的 MyTextures 文件夹中导入角几实木的高光、粗糙度、法线贴图，如图 5-71 所示。

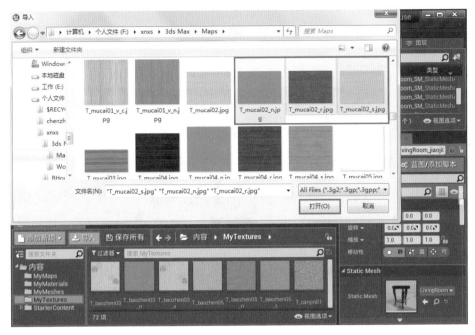

图 5-71　导入角几实木高光、粗糙度、法线贴图

（4）取消材质编辑器窗口最大化显示，在内容浏览器中选中刚刚导入的 3 张贴图并将其拖拽到材质编辑器窗口中，UE4 会自动将拖入的贴图转换为 TextureSample（纹理取样）节点，如图 5-72 所示。

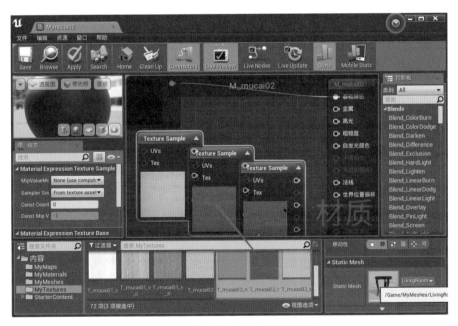

图 5-72　将贴图拖入材质编辑器中

（5）调节角几实木高光、粗糙度、法线纹理大小。按下 U+ 鼠标左键创建一个 TextureCoordinate（纹理坐标）节点；选中 TextureCoordinate 节点，在"细节"面板中展开 Material Expression Texture Coordinate 卷展栏，设置 UTiling 的值为 0.3、VTiling 的值为 0.3，将该节点分别连接到高光、粗糙度、法线纹理的 TextureSample 节点的 UVs 上，如图 5-73 所示。

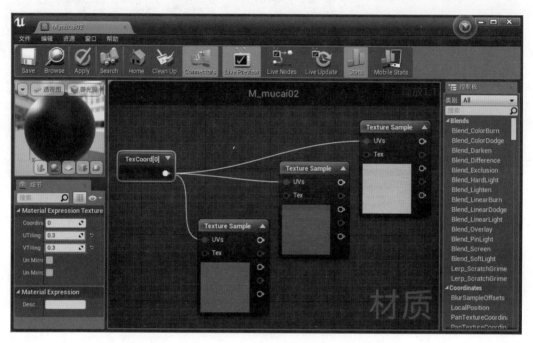

图 5-73　调节角几实木高光、粗糙度、法线纹理大小

（6）模拟角几实木高光效果。将角几实木高光纹理的 TextureSample 节点连接到基础材质节点的"高光"上，如图 5-74 所示。

（7）模拟角几实木粗糙度，角几实木没有沙发支架实木那么光滑。按下 M+ 鼠标左键创建一个 Multiply（乘）节点，将角几实木粗糙度纹理的 TextureSample 节点连接到 Multiply 节点的 A 上；按下 1+ 鼠标左键创建一个 Constant（常量）节点，并设置其值为 2.5，将该节点连接到 Multiply 节点的 B 上；将 Multiply 节点连接到基础材质节点的"粗糙度"上，如图 5-75 所示。

（8）模拟角几实木凹凸效果。按下 E+ 鼠标左键创建一个 Power（幂）节点，将角几实木法线纹理的 TextureSample 节点连接到 Power 节点的 Base（底数）上；按下 1+ 鼠标左键创建一个 Constant（常量）节点，并设置其值为 2，将该节点连接到 Power 节点的 Exp（指数）上，将 Power 节点连接到基础材质节点的"法线"上，如图 5-76 所示。

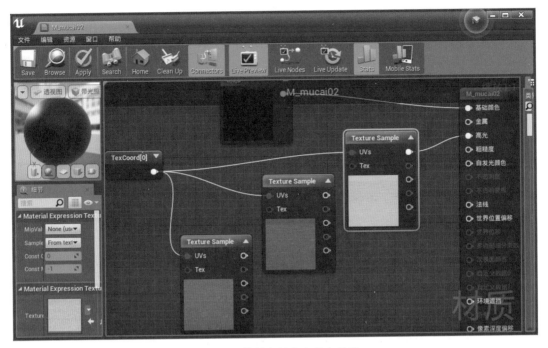

图 5-74　模拟角几实木高光效果

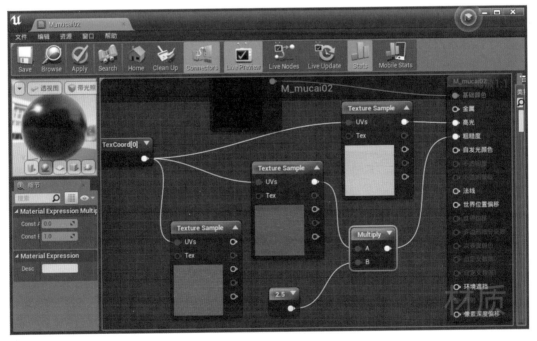

图 5-75　模拟角几实木粗糙度效果

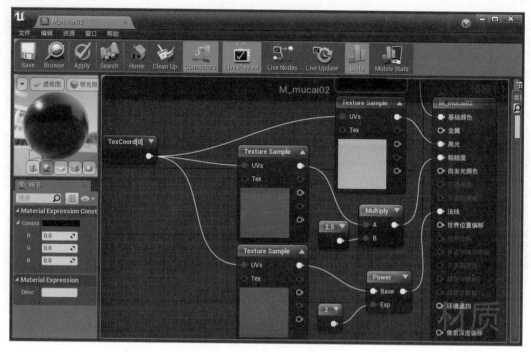

图 5-76　模拟角几实木凹凸效果

（9）调节完毕后，单击工具栏中的 Apply 按钮应用设置，再单击 Save 按钮保存设置，然后回到关卡编辑器中观察角几实木的效果，如图 5-77 所示。

图 5-77　角几实木材质效果

5.6.7　茶几材质

茶几主要由金属支架和玻璃桌面组成。

1. 茶几金属材质

（1）在透视图中选择"茶几支架"模型，在"细节"面板中展开 Materials 卷展栏，双击金属材质进入材质编辑器。

（2）调节茶几金属颜色。将连接到"基础颜色"的 VectorParameter（矢量参数）节点的颜色调整为金色（R：0.568627，G：0.439216，B：0.270588），如图 5-78 所示。

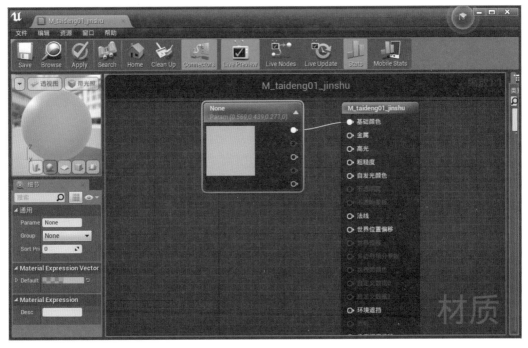

图 5-78　调节茶几金属颜色

（3）模拟茶几支架的金属和粗糙度效果。按下 1+ 鼠标左键创建一个 Constant（常量）节点，并设置其值为 1，将该节点连接到基础材质节点的"金属"上；按下 1+ 鼠标左键再创建一个 Constant 节点，并设置其值为 0.15，将该节点连接到基础材质节点的"粗糙度"上，如图 5-79 所示。

2. 茶几玻璃材质

（1）在透视图中选择"茶几桌面"模型，在"细节"面板中展开 Materials 卷展栏，双击茶几玻璃材质进入材质编辑器。

（2）模拟茶几玻璃颜色中间较浅、边缘较深的衰减效果。按下 L+ 鼠标左键创建一个 LinearInterpolate（线性插值）节点；按下 3+ 鼠标左键创建一个 Constant3Vector（常量3矢量）节点，设置其颜色为浅灰色（R：0.72，G：0.75，B：0.8），将该节点连接到 LinearInterpolate 节点的 A 上；按下 3+ 鼠标左键再创建一个 Constant3Vector 节点，设置其颜色为深灰色（R：0.1，G：0.11，B：0.115），将该节点连接到 LinearInterpolate 节点的 B 上；创建 Fresnel（菲涅耳）节点，在"控制板"的搜索框中输入关键字进行检索，在"工具"类的节点中选择 Fresnel 并将其拖拽到材质编辑器窗口中；选中 Fresnel 节点，在"细节"面板中展开 Material Expression Fresnel 卷展栏，设置 Exponent（指数）的值为

4、Base Reflect Fraction（基本反射小数）的值为 0.04，将该节点连接到 LinearInterpolate 节点的 Alpha 上，将 LinearInterpolate 节点连接到基础材质节点的"基础颜色"上，如图 5-80 所示。

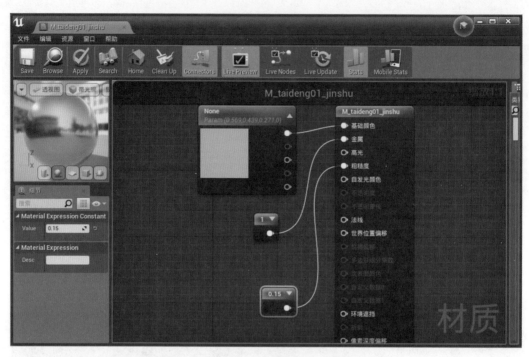

图 5-79　模拟茶几支架的金属和粗糙度效果

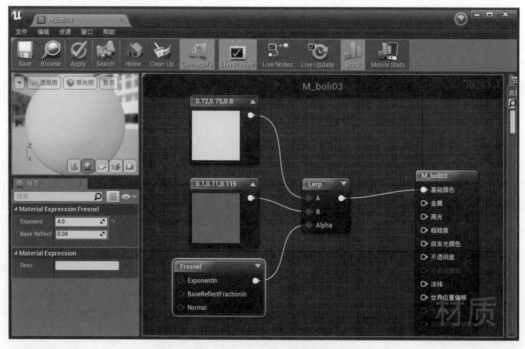

图 5-80　模拟茶几玻璃颜色衰减效果

（3）模拟茶几玻璃的金属、高光和粗糙度效果。按下 1+ 鼠标左键创建一个 Constant（常量）节点，并设置其值为 0.1，将该节点连接到基础材质节点的"金属"上；按下 1+ 鼠标左键创建一个 Constant 节点，并设置其值为 1，将该节点连接到基础材质节点的"高光"上；按下 1+ 鼠标左键再创建一个 Constant 节点，并设置其值为 0.01，将该节点连接到基础材质节点的"粗糙度"上，如图 5-81 所示。

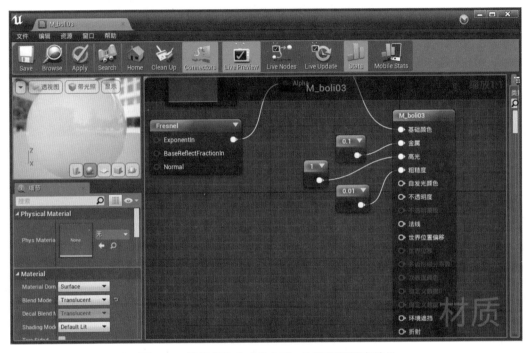

图 5-81　模拟茶几玻璃的金属、高光和粗糙度效果

（4）表现茶几玻璃的透明效果。选中基础材质节点，在"细节"面板中展开 Material 卷展栏，设置 Blend Mode（混合模式）为 Translucent（半透明）；按下 1+ 鼠标左键创建一个 Constant 节点，并设置其值为 0.1，将该节点连接到基础材质节点的"不透明度"上。至此已实现最简单的透明效果，为了使材质看起来更加真实，选中基础材质节点，在"细节"面板中展开 Translucency 卷展栏，设置 Lighting Mode（灯光模式）为 Surface TranslucencyVolume（表面半透明体），如图 5-82 所示。

（5）模拟茶几玻璃的折射效果，中间到边缘有较慢的折射衰减变化。按下 L+ 鼠标左键创建一个 LinearInterpolate（线性插值）节点；按下 1+ 鼠标左键创建一个 Constant（常量）节点，设置其值为 1，将该节点连接到 LinearInterpolate 节点的 A 上；按下 1+ 鼠标左键再创建一个 Constant 节点，设置其值为 1.52，将该节点连接到 LinearInterpolate 节点的 B 上；创建 Fresnel（菲涅耳）节点，在"控制板"的搜索框中输入关键字进行检索，在"工具"类的节点中选择 Fresnel 并将其拖拽到材质编辑器窗口中；选中 Fresnel 节点，在"细节"面板中展开 Material Expression Fresnel 卷展栏，设置 Exponent（指数）的值为 10、Base Reflect Fraction（基本反射小数）的值为 0.04，将该节点连接到 LinearInterpolate

节点的 Alpha 上；将 LinearInterpolate 节点连接到基础材质节点的"折射"上，如图 5-83 所示。

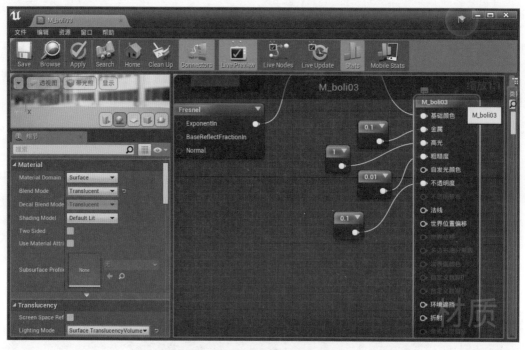

图 5-82　表现茶几玻璃透明效果

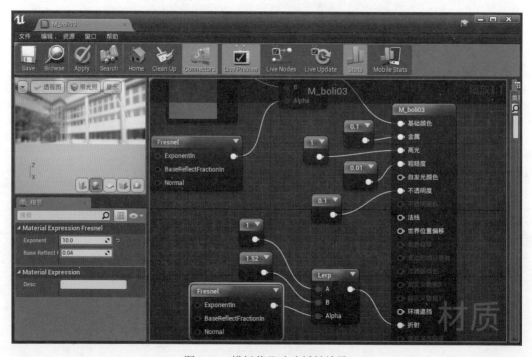

图 5-83　模拟茶几玻璃折射效果

（6）调节完毕后，单击工具栏中的 Apply 按钮应用设置，再单击 Save 按钮保存设置，然后回到关卡编辑器中观察茶几的效果，如图 5-84 所示。

图 5-84　茶几材质效果

5.6.8　地毯材质

（1）在透视图中选择"地毯"模型，在"细节"面板中展开 Material 卷展栏，双击地毯材质进入材质编辑器。

（2）模拟地毯颜色中间较深、边缘浅而亮的衰减效果。按下 M+ 鼠标左键创建一个 Multiply（乘）节点，将地毯纹理的 TextureSample 节点连接到 Multiply 节点的 A 上；按下 1+ 鼠标左键创建一个 Constant（常量）节点，并设置其值为 2，将该节点连接到 Multiply 节点的 B 上；按下 L+ 鼠标左键创建一个 LinearInterpolate（线性插值）节点，将地毯纹理的 TextureSample 节点连接到 LinearInterpolate 节点的 A 上，将 Multiply 节点连接到 LinearInterpolate 节点的 B 上；创建 Fresnel（菲涅耳）节点，在"控制板"的搜索框中输入关键字进行检索，在"工具"类的节点中选择 Fresnel 并将其拖拽到材质编辑器窗口中；选中 Fresnel 节点，在"细节"面板中展开 Material Expression Fresnel 卷展栏，设置 Exponent 的值为 5、Base Reflect Fraction 的值为 0.04，将该节点连接到 LinearInterpolate 节点的 Alpha 上；将 LinearInterpolate 节点连接到基础材质节点的"基础颜色"上，如图 5-85 所示。

（3）在内容浏览器的 MyTextures 文件夹中导入地毯的高光、粗糙度、法线贴图，如图 5-86 所示。

（4）取消材质编辑器窗口最大化显示，在内容浏览器中选中刚刚导入的 3 张贴图并将其拖拽到材质编辑器窗口中，UE4 会自动将拖入的贴图转换为 TextureSample（纹理取样）节点，如图 5-87 所示。

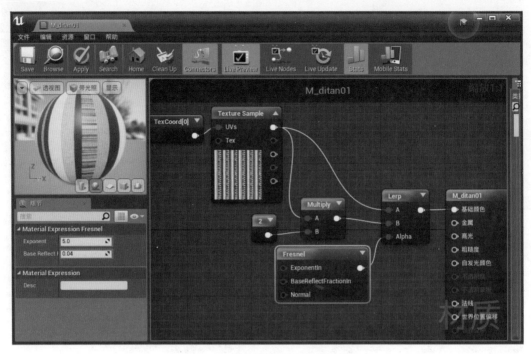

图 5-85　模拟地毯颜色衰减效果

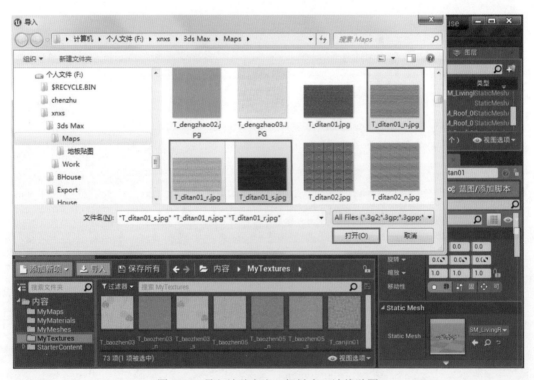

图 5-86　导入地毯高光、粗糙度、法线贴图

　　（5）调节地毯高光、粗糙度、法线纹理大小。按下 U+ 鼠标左键创建一个 TextureCoordinate（纹理坐标）节点，选中 TextureCoordinate 节点，在"细节"面板中展

开 Material Expression Texture Coordinate 卷展栏，设置 UTiling 的值为 8、VTiling 的值为 8，将该节点分别连接到高光、粗糙度、法线纹理的 TextureSample 节点的 UVs 上，如图 5-88 所示。

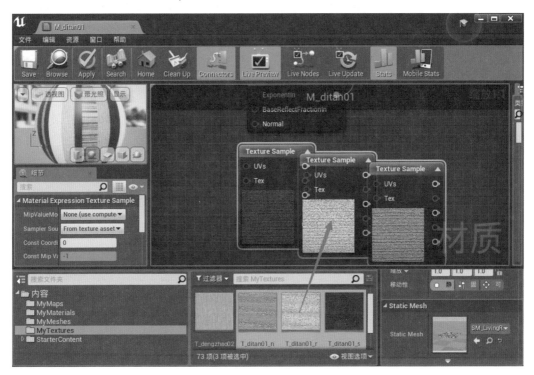

图 5-87　将贴图拖入材质编辑器中

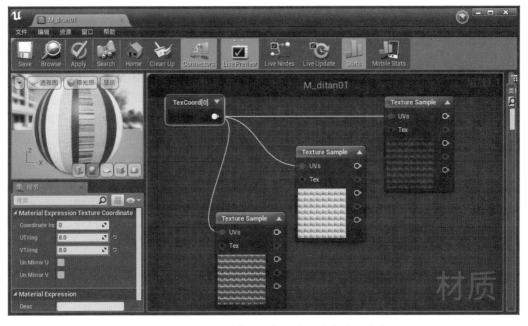

图 5-88　调节地毯高光、粗糙度、法线纹理大小

171

（6）模拟地毯高光效果。将地毯高光纹理的 TextureSample 节点连接到基础材质节点的"高光"上，如图 5-89 所示。

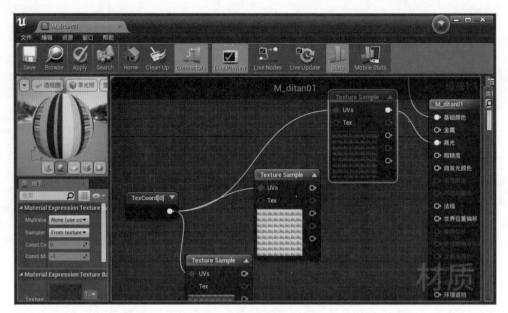

图 5-89　模拟地毯高光效果

（7）模拟地毯粗糙度效果。按下 L+ 鼠标左键创建一个 LinearInterpolate（线性插值）节点；将地毯粗糙度纹理的 TextureSample 节点的蓝色通道连接到 LinearInterpolate 节点的 Alpha 上；按下 1+ 鼠标左键，设置其值为 0.7，将该节点连接到 LinearInterpolate 节点的 A 上，将 LinearInterpolate 节点连接到基础材质节点的"粗糙度"上，如图 5-90 所示。

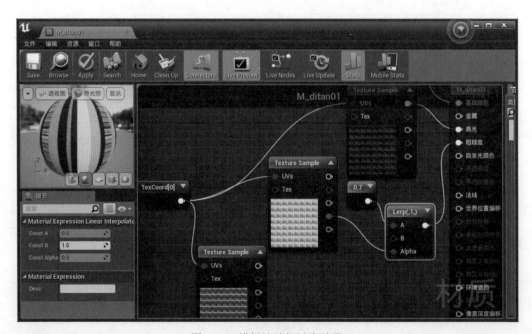

图 5-90　模拟地毯粗糙度效果

（8）模拟地毯凹凸效果，有明显的成股凹凸效果。按下 M+ 鼠标左键创建一个 Multiply（乘）节点，将地毯法线纹理的 TextureSample 节点连接到 Multiply 节点的 A 上；按下 3+ 鼠标左键创建一个 Constant3Vector（常量3矢量）节点，设置其颜色为（R:1，G:1，B:0.05），将该节点连接到 Multiply 节点的 B 上，将 Multiply 节点连接到基础材质节点的"法线"上，如图 5-91 所示。

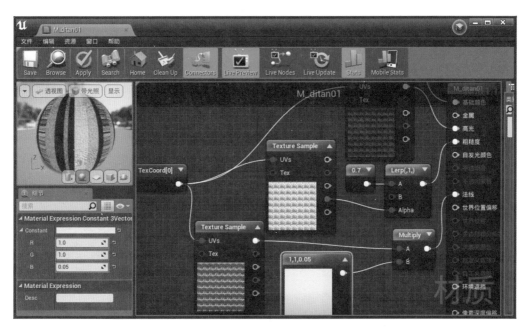

图 5-91　模拟地毯凹凸效果

（9）调节完毕后，单击工具栏中的 Apply 按钮应用设置，再单击 Save 按钮保存设置，然后回到关卡编辑器中观察地毯的效果，如图 5-92 所示。

图 5-92　地毯材质效果

5.6.9　陶瓷材质

花瓶、餐盘都使用了陶瓷材质，这里以花瓶为例进行说明。

（1）在透视图中选择"花瓶"模型，在"细节"面板中展开 Materials 卷展栏，双击陶瓷材质进入材质编辑器。

（2）调节陶瓷的基本颜色。将连接到"基础颜色"的 VectorParameter（矢量参数）节点的颜色调整为白色（R：0.98，G：0.98，B：0.98）。

（3）模拟陶瓷的高光和粗糙度。按下 1+ 鼠标左键创建一个 Constant（常量）节点，并设置其值为 0.85，将该节点连接到基础材质节点的"高光"上；按下 1+ 鼠标左键再创建一个 Constant 节点，并设置其值为 0.1，将该节点连接到基础材质节点的"粗糙度"上，如图 5-93 所示。

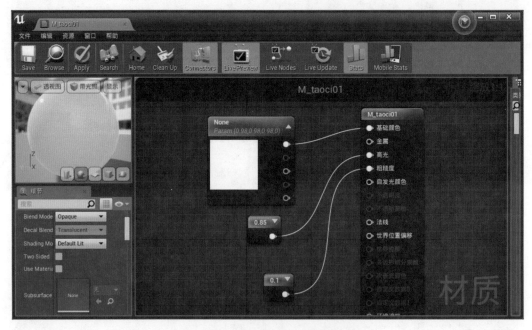

图 5-93　模拟陶瓷的高光和粗糙度

（4）餐盘陶瓷只需要将连接到"基础颜色"对应的节点更换为餐盘纹理的 TextureSample 节点即可。

（5）调节完毕后，单击工具栏中的 Apply 按钮应用设置，再单击 Save 按钮保存设置，然后回到关卡编辑器中观察陶瓷的效果，如图 5-94 所示。

5.6.10　筒灯材质

筒灯的材质主要有本身的发光材质和不锈钢边框材质两个。

1. 筒灯发光材质

（1）在透视图中选择"筒灯"模型，在"细节"面板中展开 Materials 卷展栏，双击筒灯材质进入材质编辑器。

图 5-94 陶瓷材质效果

（2）调节筒灯的基本颜色。将连接到"基础颜色"的 VectorParameter（矢量参数）节点的颜色调整为白色（R：1.0，G：0.966622，B：0.93）。

（3）模拟筒灯自发光的强度。按下 1+ 鼠标左键创建一个 Constant（常量）节点，并设置其值为 5，将该节点连接到基础材质节点的"自发光颜色"上，如图 5-95 所示。

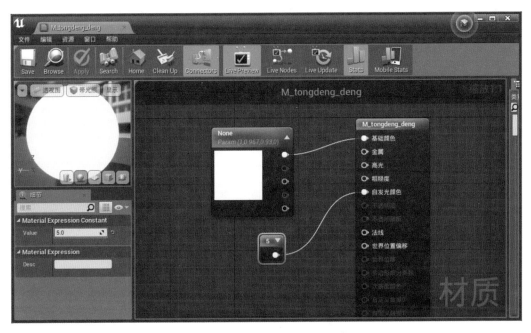

图 5-95 模拟筒灯自发光的强度

2. 不锈钢边框材质

（1）在透视图中选择"筒灯边框"模型，在"细节"面板中展开 Materials 卷展栏，双击不锈钢材质进入材质编辑器。

（2）调节不锈钢的基本颜色。将连接到"基础颜色"的 VectorParameter（矢量参数）节点的颜色调整为（R：0.9，G：0.9，B：0.9）。

（3）模拟不锈钢的金属和粗糙度效果。按下 1+ 鼠标左键创建一个 Constant（常量）节点，并设置其值为 0.8，将该节点连接到基础材质节点的"金属"上；按下 1+ 鼠标左键再创建一个 Constant 节点，并设置其值为 0.3，将该节点连接到基础材质节点的"粗糙度"上，如图 5-96 所示。

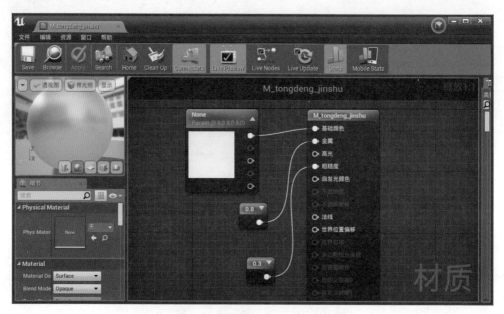

图 5-96　模拟不锈钢的高光和粗糙度

（4）调节完毕后，单击工具栏中的 Apply 按钮应用设置，再单击 Save 按钮保存设置，然后回到关卡编辑器中观察筒灯的效果，如图 5-97 所示。

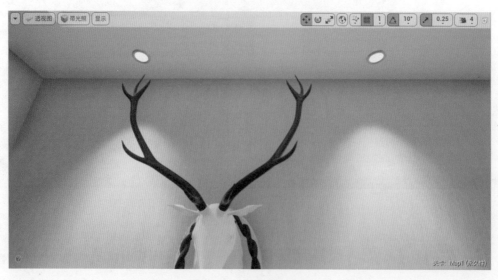

图 5-97　筒灯材质效果

至此，客厅场景中的主要材质已经介绍完了，对于其他未讲解的材质，读者可参考以上讲述的各种不同物体的材质设置方法进行模拟，最终表现效果如图 5-98 所示。

图 5-98　最终表现效果

5.7　创建碰撞外壳

在关卡编辑器中，单击工具栏上的"播放"按钮，可以通过 WASD 键、方向键或鼠标来移动，但是移动时能穿透关卡中的物体，这显然不合常理，所以我们需要为一些物体创建碰撞外壳。创建碰撞外壳的方法很多，可以在 3ds Max 中创建，也可以在 UE4 中创建。这里简单介绍如何在 UE4 中创建碰撞外壳。

5.7.1　创建客厅墙体碰撞外壳

（1）在关卡编辑器的透视图中选择"客厅墙体"模型，在"细节"面板中展开 Static Mesh 卷展栏，双击墙体模型进入静态网格物体编辑器。

（2）单击工具栏上的 Collision 按钮显示碰撞。在"细节"面板中展开 Collision 卷展栏，设置 Collision Complexity（碰撞的复杂性）为 Use Complex Collision As Simple（简单地使用复杂碰撞），如图 5-99 所示。

（3）创建好后单击工具栏上的 Save 按钮保存设置。

5.7.2　创建地面碰撞外壳

（1）在关卡编辑器的透视图中选择"地面"模型，在"细节"面板中展开 Static Mesh 卷展栏，双击地面模型进入静态网格物体编辑器。

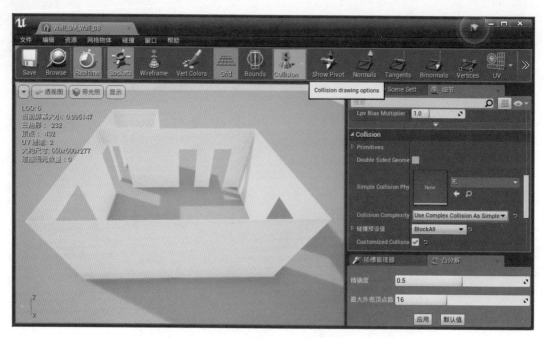

图 5-99　创建客厅墙体碰撞外壳

（2）使用简单形状创建碰撞外壳。单击工具栏上的 Collision 按钮显示碰撞。单击"碰撞"→ Add Box Simplified Collision 命令，如图 5-100 所示。

图 5-100　创建地面碰撞外壳

（3）创建好后单击工具栏上的 Save 按钮保存设置。

178

5.7.3 创建大门碰撞外壳

（1）在关卡编辑器的透视图中选择"大门"模型，在"细节"面板中展开 Static Mesh 卷展栏，双击大门模型进入静态网格物体编辑器。

（2）使用自动化凸面碰撞工具创建碰撞外壳。单击工具栏上的 Collision 按钮显示碰撞；单击"碰撞"→ Auto Convex Collision 命令；在"凸分解"面板中，设置"精确度"为1、"最大外壳顶点数"为8，单击"应用"按钮，如图 5-101 所示。

图 5-101　创建大门碰撞外壳

（3）创建好后单击工具栏上的 Save 按钮保存设置。

上面介绍了 3 种在 UE4 中创建碰撞外壳的方法，读者可参考以上内容对需要创建碰撞外壳的物体进行设置，也可以在 3ds Max 中创建碰撞外壳后一并导入 UE4 中。

5.8　打包输出

（1）调整 Player Start（玩家起点）的位置和高度。在关卡编辑器的"世界大纲视图"面板中选择 Player Start，切换到顶视图，将其移动到进门处，如图 5-102 所示。

（2）切换到左视图，继续调整 Player Start 的高度，让其站立在地面上，如图 5-103 所示。

（3）导入新的游戏模式和角色。单击工具栏上的"播放"按钮，通过键盘按键或鼠标移动时，玩家可飞行于空中，不受重力影响。所以在内容浏览器的 GameMode 文件夹中拷贝两个已经编辑好的受重力影响的游戏模式和角色，如图 5-104 所示。

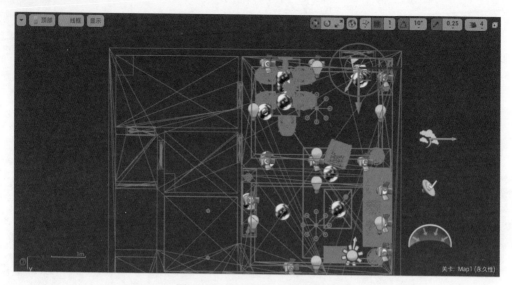

图 5-102　调整 Player Start 位置

图 5-103　调整 Player Start 高度

（4）按键映射。单击"编辑"→"项目设置"命令，在弹出的对话框中单击"引擎"下的"输入"选项卡，设置按键映射，如图 5-105 所示。

（5）应用新的游戏模式和角色。在"世界设置"面板中展开 Game Mode 卷展栏，设置 GameMode Override 为前面新导入的 FGameMode、Default Pawn Class 为 FPlayer，如图 5-106 所示。

（6）设置默认的模式和地图。单击"编辑"→"项目设置"命令，在弹出的对话框中单击"项目"下的"地图 & 模式"选项卡，展开 Default Modes 卷展栏，设置 Default GameMode 为 FGameMode；展开 Default Maps 卷展栏，设置 Editor Startup Map 和 Game Default Map 都为 Map1，如图 5-107 所示。

图 5-104　导入编辑好的受重力影响的游戏模式和角色

图 5-105　按键映射

图 5-106　应用新的游戏模式和角色

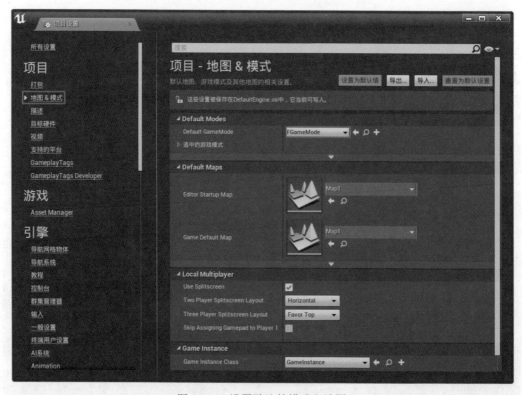

图 5-107　设置默认的模式和地图

（7）设置打包。单击"项目"下的"打包"选项卡，展开 Project 卷展栏，设置 Build

Configuration（构建配置）为 Shipping，设置 Staging Directory（存储路径），如图 5-108 所示。

图 5-108　设置打包

（8）打包输出。单击"文件"→"打包项目"→ Windows →"Windows（64 位）"命令，选择一个输出文件夹，然后等待项目打包输出。

（9）打包输出完成后，双击并打开输出的 exe 可执行文件即可进行 VR 体验，如图 5-109 所示。

图 5-109　打包输出的程序

本章小结

　　本章以虚拟现实客厅效果表现为例，按照项目的真实流程对其表现特点、导出导入、场景搭建、灯光布置、材质模拟、碰撞外壳、打包输出等进行了详细介绍。虚拟现实这种新的表现形式，突破时间和空间的限制，超越实体的看房体验，有别于传统静态效果图，还原真实的光照，与场景互动、自由漫游。将 3ds Max 中导出的模型资源导入 UE4 中，进行客厅场景搭建。使用定向光源来模拟太阳光、天空光源来模拟天光，表现晴朗的氛围；使用聚光源模拟筒灯，保障足够的光照，丰富灯光效果；使用点光源模拟灯带，增加层次感，增强表现力。对乳胶漆、墙纸、水泥地砖、电视、沙发、角几、茶几、地毯、陶瓷、筒灯等材质进行模拟，标榜现代风格客厅的低调与个性，体现自由与艺术。

课后习题

一、选择题

1. 切换 Game Mode（游戏模式）的快捷键是（　　）。

　　A．G　　　　　　　B．F　　　　　　　　C．J　　　　　　　D．K

2. 切换到透视图的快捷键是（　　）。

　　A．Alt+G　　　　　B．Alt+J　　　　　　C．Alt+K　　　　　D．Alt+H

3. 切换到正交顶视图的快捷键是（　　）。

　　A．Alt+Shift+J　　B．Alt+J　　　　　　C．Alt+G　　　　　D．Alt+K

4. 下面属于 UE4 光照的光源是（　　）。

　　A．定向光源　　　B．点光源　　　　　C．聚光源　　　　D．天空光源

5. UE4 中筒灯灯光一般用（　　）光源来模拟。

　　A．定向　　　　　B．天空　　　　　　C．点　　　　　　D．聚

二、简述题

1. 在 UE4 中怎样快速搭建场景？

2. TextureSample（纹理取样）节点和 TextureCoordinate（纹理坐标）节点的作用是什么？

第6章

虚拟现实卧室效果表现

【学习目标】

- 了解虚拟现实卧室效果表现的特点。
- 掌握导入导出模型资源的流程。
- 掌握场景搭建的技巧。
- 掌握半封闭卧室晴天的布光方法。
- 掌握温馨卧室主要材质的制作方法。
- 掌握创建碰撞外壳的方法。
- 掌握背景音乐的添加方法。
- 熟悉打包输出的设置和技巧。

6.1 项目介绍

继上一章虚拟样板间项目的客厅效果表现完成后，接着进行虚拟样板间的卧室效果表现。嵌入墙体的衣柜设计为卧室增大了有限的空间。透过窗户玻璃，暖暖的阳光洒进卧室，以太阳光为主光，表现晴天的氛围；通过吊灯保障卧室有足够的光照，修饰整体光效；再利用台灯增加更为丰富的灯光效果，突出局部场景。本场景设计的也是现代风格，但相对客厅而言，卧室更加温馨、浪漫。以白色为主调，用少量的咖啡色与淡淡的橘粉色作点缀。床头背景墙白色和灰色的墙纸交错排列，用金属线条间隔和点缀，为空间增加质感和格调。皮质床头和床体采用淡淡的橘粉色，自然又充满元气，柔柔的温暖鼓舞人心。几何条纹的抱枕和地毯相呼应，为空间带来变化和生机。深色系的窗帘配上浅色系的半透明窗纱，增添了卧室的飘逸感。

6.2 3ds Max 导出模型资源

在 3ds Max 中，打开"B 户型 .max"文件，首先对卧室场景的模型资源进行简化；接着进行 UVW 坐标编辑，第一层通道 UVW 坐标用于对应纹理贴图，第二层通道 UVW 坐标用于对应光影贴图；然后利用标准材质（Standard）和多维 / 子对象材质（Multi/Sub-

Object）对模型赋予基本的漫反射颜色或漫反射贴图，这些内容在《虚拟现实（VR）模型制作项目案例教程》一书中进行了详细介绍，此处不再赘述。在 3ds Max 中对场景模型资源进行分层管理，下面将卧室层模型导出为 FBX 文件。

（1）打开"层"工具栏，只显示 MasterBedroom 层，选择该层的所有模型，单击左上角的"应用程序"按钮，在弹出的下拉菜单中单击"导出"→"导出选定对象"命令，如图 6-1 所示。

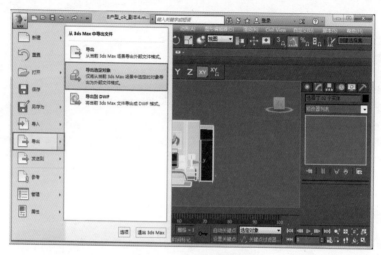

图 6-1　导出选定对象

（2）弹出"选择要导出的文件"对话框，选择保存的位置，输入保存的名字，设置"保存类型"为 Autodesk（*.FBX），单击"保存"按钮，如图 6-2 所示。

图 6-2　"选择要导出的文件"对话框

（3）弹出"FBX 导出"对话框，勾选"几何体"卷展栏中相应的选项；取消勾选"动画""摄影机"和"灯光"复选项；在"单位"卷展栏中取消勾选"自动"复选项，在"场景单位转化为"中选择"厘米"；在"FBX 文件格式"卷展栏中选择较高版本的 FBX，单击"确定"按钮，如图 6-3 所示。

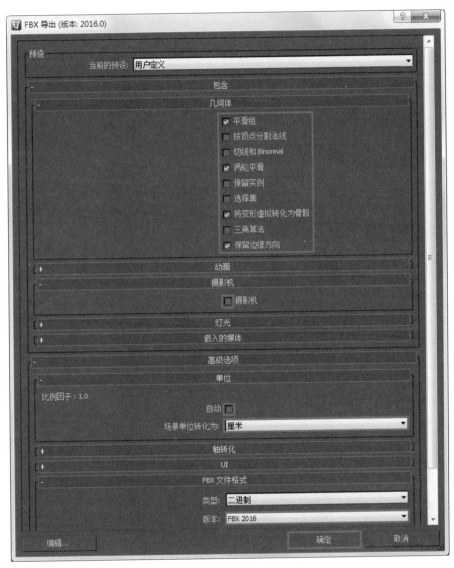

图 6-3　"FBX 导出"对话框

6.3　UE4 导入模型资源

在 Unreal Engine 4 中，打开项目 BHouse，将卧室家具的 FBX 文件导入。

（1）在"内容浏览器"中，选中 MyMeshes 文件夹，单击"导入"按钮，弹出"导入"对话框，选择前面生成的卧室家具的 FBX 文件，单击"打开"按钮，如图 6-4 所示。

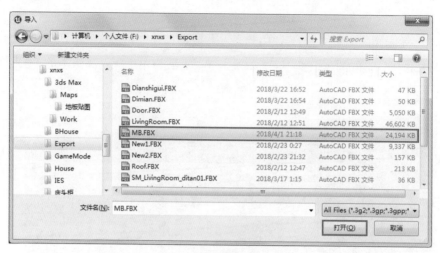

图 6-4　"导入"对话框

（2）弹出"FBX 导入选项"对话框，取消勾选 Auto Generate Collision 复选项，即不要 UE4 自动生成碰撞；取消勾选 Generate Lightmap UVs 复选项，因为前面已经在 3ds Max 中进行了 UV 展开，UE4 就不需要再自动展开 UV 了；取消勾选 Combine Meshes 复选项，将各个模型以独立的方式导入，而不是将它们合并在一起；勾选 Import Materials 和 Import Textures 复选项，导入模型的同时一起导入材质、贴图；设置好各选项后单击"导入所有"按钮，如图 6-5 所示。

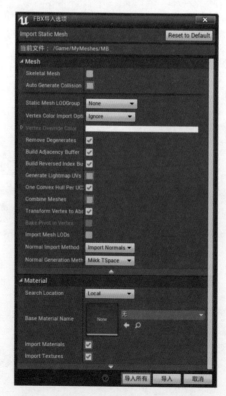

图 6-5　设置"FBX 导入选项"对话框

（3）经过文件载入和格式转换后资源导入完成。在"内容浏览器"中，将所有的材质移动到 MyMaterials 文件夹中，将所有贴图移动到 MyTextures 文件夹中。

6.4 场景搭建

采用简单有效的场景搭建方法，在关卡中不需要将模型一一重新摆放，大大减少了工作量。

（1）在"内容浏览器"中，选择 MyMeshes 文件夹中的卧室模型，将其拖拽到当前关卡中，同时在"细节"面板中将位置归到世界坐标原点（X：0、Y：0、Z：0），这样无须对各个模型的位置进行编辑就快速完成了场景搭建，如图 6-6 所示。

图 6-6　场景搭建

（2）世界大纲视图中的 StaticMeshes 文件夹默认即是存放模型素材的，所以在"世界大纲视图"面板中，选择上一步拖拽到当前关卡中的模型并在其上右击，在弹出的快捷菜单中选择"移动到"→ StaticMeshes 选项，如图 6-7 所示。

（3）使用图层，会使管理关卡的工作变得轻松。单击"窗口"→"图层"命令，打开"图层"面板。在"世界大纲视图"面板的搜索栏中输入关键字 MB，选择检索出来的所有卧室家具模型，单击"图层"面板，在图层面板的空白处右击，在弹出的快捷菜单中选择 Add Selected Actors to New Layer 选项，将选中的对象加入新建的图层，输入图层名称 MasterBedroom，这样就完成了对卧室家具模型的分层管理，如图 6-8 所示。

图 6-7　将模型移动到 StaticMeshes 文件夹中

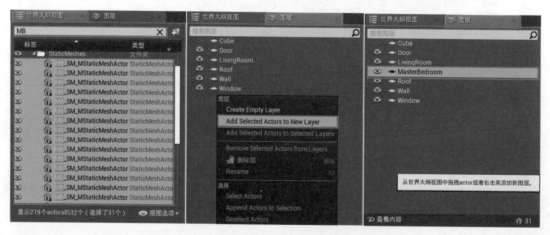

图 6-8　对卧室家具对象的分层管理

6.5　灯光布置

场景搭建已经完成了，下面进行灯光布置。在同一套样板间的客厅案例中我们已经使用了定向光源来模拟太阳光、天空光源来模拟天光，表现晴朗的氛围；现在就需要使用点光源来模拟吊灯和台灯，增强室内光照，丰富灯光效果，增加层次感。

6.5.1 设置玻璃材质

因为窗户玻璃对阳光、天光有阻挡作用，对于室内光照效果来说，对亮度甚至曝光都有很大的影响，所以我们需要先模拟玻璃的材质。

（1）在透视图中选择窗户中的玻璃模型。

（2）由于前面选择了"具有初学者内容"来创建项目，因此项目中会自动带有一些材质，可以直接使用。在内容浏览器中展开 StarterContent → Materials 文件夹，选择 M_Glass 材质；在"细节"面板的 Materials 卷展栏中单击"使用内容浏览器中的资源"按钮，即将材质指定给玻璃模型，如图 6-9 所示。

图 6-9　将 M_Glass 材质指定给玻璃模型

6.5.2 设置吊灯

当白天晴朗的氛围把握好以后，需要为室内添加一些灯光以保障卧室有足够的光照，同时也使灯光效果更加丰富，下面用点光源来简单模拟吊灯。

（1）切换到顶视图，在"模式"面板中单击"放置"模式，再单击"光照"选项卡，选择"点光源"并将其拖拽到视图中卧室吊灯处，如图 6-10 所示。

（2）切换到左视图，选择点光源，将其移动到吊灯处，如图 6-11 所示。

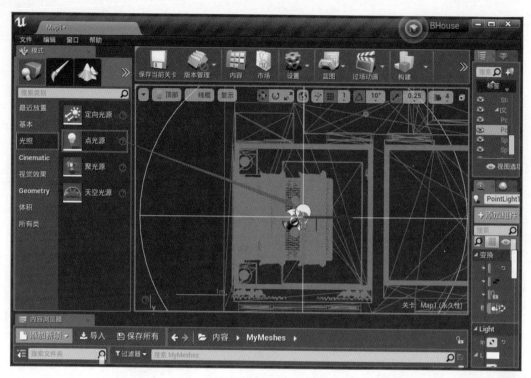

图 6-10　创建吊灯光源

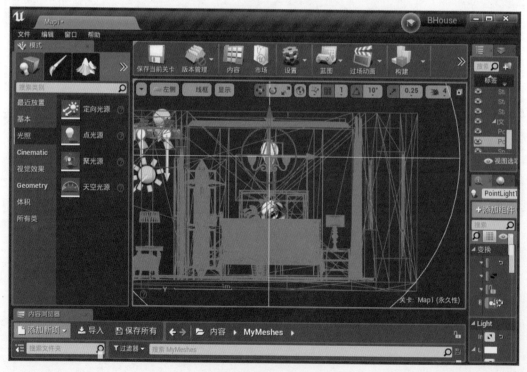

图 6-11　调整吊灯光源位置

（3）选定点光源，在"细节"面板中展开 Light 卷展栏，设置 Intensity 为 200、Light

Color 为（R：1.0，G：1.0，B：1.0）、Attenuation Radius 为 330，勾选 Use Temperature 复选项，设置 Temperature 为 5000，勾选 Affects World 复选项，取消勾选 Cast Shadows 复选项；展开"变换"卷展栏，设置"移动性"为静态，如图 6-12 所示。

图 6-12　设置吊灯光源参数

（4）世界大纲视图中的 Lights 文件夹默认即是存放灯光的，所以在"世界大纲视图"面板中选择刚才创建的一盏点光源并在其上右击，在弹出的快捷菜单中选择"移动到"→ Lights 选项，如图 6-13 所示。

6.5.3　设置台灯

场景的照明已基本完成，但为了使灯光效果更加有层次感，下面将使用点光源来模拟台灯，点缀床头背景墙，增强表现力。

（1）切换到顶视图，在"模式"面板中单击"放置"模式，再单击"光照"选项卡，选择"点光源"并将其拖拽到视图中卧室台灯灯罩内，如图 6-14 所示。

图 6-13 将吊灯光源移动到 Lights 文件夹中

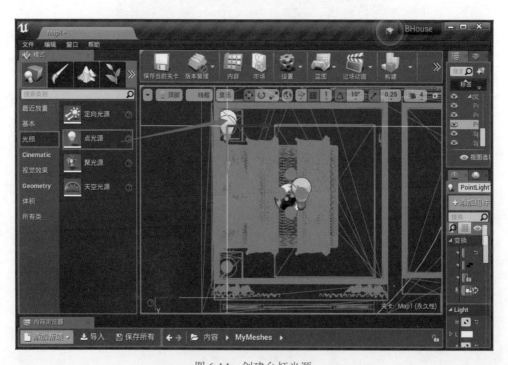

图 6-14 创建台灯光源

（2）切换到左视图，选择点光源，将其移动到台灯灯罩处，如图 6-15 所示。

（3）选定点光源，在"细节"面板中展开 Light 卷展栏，设置 Intensity 为 100、Light

Color 为（R：1.0，G：1.0，B：1.0）、Attenuation Radius 为 380，勾选 Use Temperature 复选项，设置 Temperature 为 4000，勾选 Affects World 和 Cast Shadows 复选项；展开"变换"卷展栏，设置"移动性"为"静态"，如图 6-16 所示。

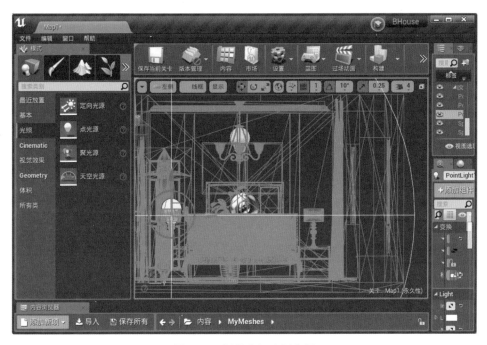

图 6-15　调整台灯光源位置

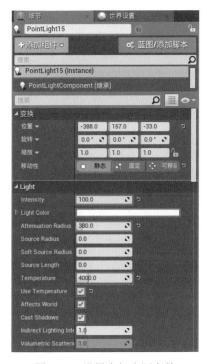

图 6-16　设置台灯光源参数

（4）切换到顶视图，选择点光源，按住 Alt 键并拖动复制一盏，将其移动到另外一个台灯处，如图 6-17 所示。

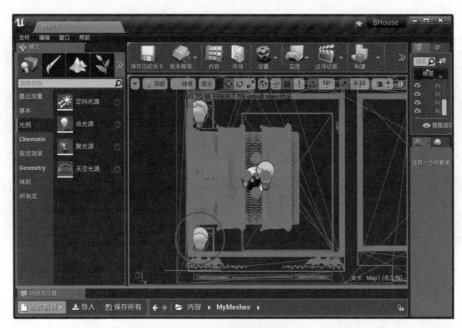

图 6-17　复制台灯光源

（5）世界大纲视图中的 Lights 文件夹默认即是存放灯光的，所以在"世界大纲视图"面板中，选择刚才创建的两盏点光源并在其上右击，在弹出的快捷菜单中选择"移动到"→ Lights 选项，如图 6-18 所示。

图 6-18　将台灯光源移动到 Lights 文件夹中

6.5.4　测试构建

灯光布置后显然要进行测试构建，才能知道灯光的颜色、强度、位置是否合适，是否有曝光问题等。下面简单设置一下光照质量，开始测试构建。

（1）在关卡编辑器中，单击工具栏上"构建"按钮旁边的下拉箭头，在弹出的下拉菜单中选择"光照质量"为"预览"级别，如图6-19所示。

图6-19　设置光照质量参数

（2）切换到透视图，单击工具栏上的"构建"按钮，构建关卡，如图6-20所示。

图6-20　测试构建

（3）在构建后的场景中，看到墙面、窗帘、床单等处都出现了一些像黑色污渍般的阴影，台灯投射在墙面上的光影也很模糊，这些可以通过适当提高灯光贴图分辨率来解决。以卧室床头背景墙为例，在透视图中选择"卧室床头背景墙"模型，在"细节"面板中展开 Static Mesh 卷展栏，双击背景墙模型进入静态网格体编辑器，在静态网格体编辑器的"细节"面板中展开 General Settings 卷展栏，根据背景墙面积比较大的特点设置 Light Map Resolution（灯光贴图分辨率）为 1024，如图 6-21 所示。

图 6-21　提高灯光贴图分辨率

（4）其余墙面、窗帘、床单等根据模型大小和需要的表现效果也适当提高灯光贴图分辨率。调节好后回到关卡编辑器重新构建场景，此时场景中的光影就正常了，如图 6-22 所示。

图 6-22　调整后的测试构建

6.6 材质模拟

UE4 支持 PBR，材质效果非常强大。在 3ds Max 中，已经利用标准材质（Standard）和多维 / 子对象材质（Multi/Sub-Object）对模型赋予了基本的漫反射颜色或漫反射贴图，本节将在此基础上在 UE4 中通过若干节点创造出拟真度非常高的卧室材质效果，如木地板、皮革、床单、抱枕、吊灯、床头柜、窗帘等。

6.6.1 木地板材质

（1）在内容浏览器的 MyTextures 文件夹中导入木地板高光、法线贴图，如图 6-23 所示。

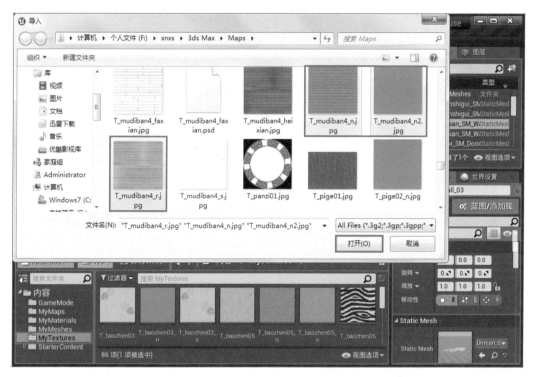

图 6-23　导入木地板高光、法线贴图

（2）在透视图中选择"卧室木地板"模型，在"细节"面板中展开 Materials 卷展栏，双击木地板材质进入材质编辑器。

（3）取消材质编辑器窗口最大化显示，在内容浏览器中选中刚刚导入的 3 张贴图并将其拖拽到材质编辑器窗口中，UE4 会自动将拖入的贴图转换为 TextureSample（纹理取样）节点，如图 6-24 所示。

（4）调节木地板基础纹理和高光、法线纹理大小。按下 U+ 鼠标左键创建一个 TextureCoordinate（纹理坐标）节点，选中 TextureCoordinate 节点，在"细节"面板中展开 Material Expression Texture Coordinate 卷展栏，设置 UTiling 的值为 5、VTiling 的值为 5，将该节点分别连接到基础纹理和接缝法线纹理的 TextureSample 节点的 UVs 上；按下

U+ 鼠标左键再创建一个 TextureCoordinate 节点，设置 UTiling 的值为 30、VTiling 的值为 30，将该节点分别连接到反射、细节法线纹理的 TextureSample 节点的 UVs 上，如图 6-25 所示。

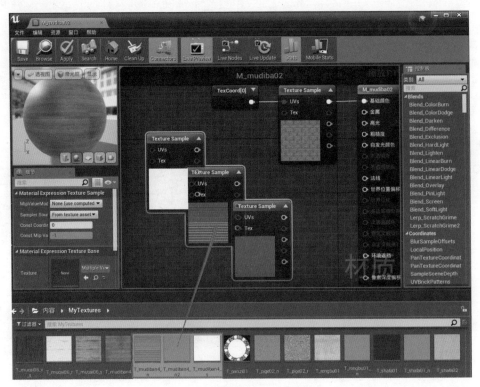

图 6-24　将贴图拖入材质编辑器中

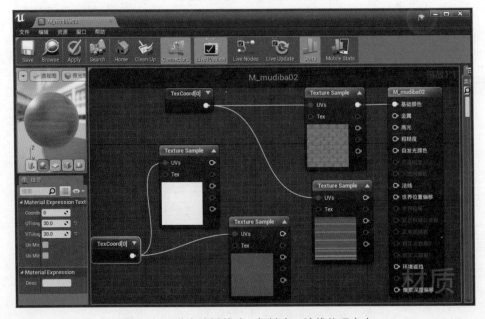

图 6-25　调节木地板基础、粗糙度、法线纹理大小

（5）模拟木地板高光效果。按下 M+ 鼠标左键创建一个 Multiply（乘）节点，将木地板高光纹理的 TextureSample（纹理取样）节点连接到 Multiply 节点的 A 上；按下 1+ 鼠标左键创建一个 Constant（常量）节点，并设置其值为 0.35，将该节点连接到 Multiply 节点的 B 上，将 Multiply 节点连接到基础材质节点的"高光"上，如图 6-26 所示。

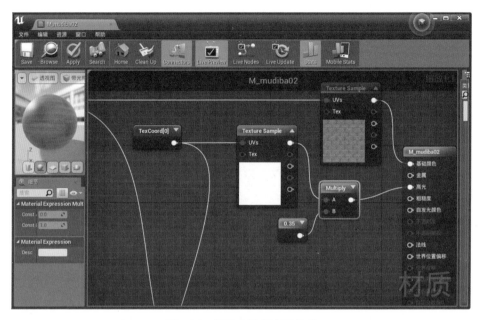

图 6-26　模拟木地板高光效果

（6）模拟木地板粗糙度效果。按下 1+ 鼠标左键创建一个 Constant（常量）节点，并设置其值为 0.25，将该节点连接到基础材质节点的"粗糙度"上，如图 6-27 所示。

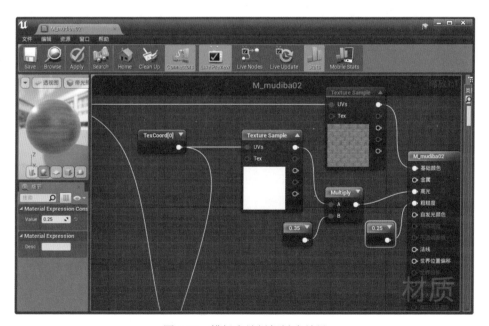

图 6-27　模拟木地板粗糙度效果

（7）模拟木地板凹凸效果。按下 M+ 鼠标左键创建一个 Multiply（乘）节点，将木地板接缝法线纹理的 TextureSample（纹理取样）节点连接到 Multiply 节点的 A 上；按下 3+ 鼠标左键创建一个 Constant3Vector（常量 3 矢量）节点，设置其颜色为（R：1，G：1，B：3），将该节点连接到 Multiply 节点的 B 上；按下 M+ 鼠标左键再创建一个 Multiply 节点，将木地板细节法线纹理的 TextureSample 节点连接到 Multiply 节点的 A 上；按下 3+ 鼠标左键创建一个 Constant3Vector 节点，设置其颜色为（R：1，G：1，B：5），将该节点连接到 Multiply 节点的 B 上；按下 A+ 鼠标左键创建一个 Add（加）节点，将两个 Multiply 节点分别连接到 Add 节点的 A 和 B 上，将 Add 节点连接到基础材质节点的"法线"上，如图 6-28 所示。

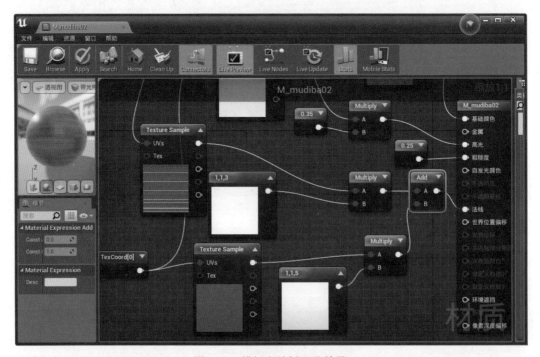

图 6-28　模拟木地板凹凸效果

（8）调节完毕后，单击工具栏中的 Apply 按钮应用设置，再单击 Save 按钮保存设置，然后回到关卡编辑器中观察木地板的效果，如图 6-29 所示。

6.6.2　皮革材质

床靠背和部分床体都采用了皮革材质。

（1）在透视图中选择"床靠背"模型，在"细节"面板中展开 Materials 卷展栏，双击皮革材质进入材质编辑器。

（2）调节皮革颜色。将连接到"基础颜色"的 VectorParameter（矢量参数）节点的颜色调整为淡淡的橘粉色（R：0.909804，G：0.784314，B：0.701961）。

（3）模拟皮革高光效果。按下 1+ 鼠标左键创建一个 Constant（常量）节点，设置其数值为 0.8，将该节点连接到基础材质节点的"高光"上，如图 6-30 所示。

图 6-29　木地板材质效果

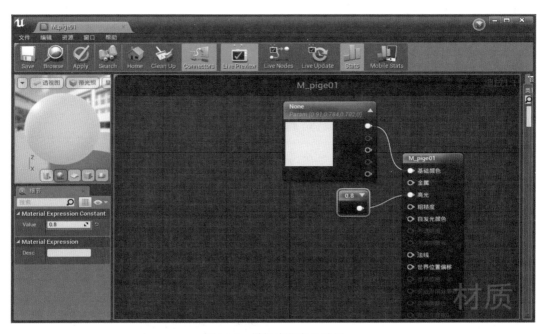

图 6-30　模拟皮革高光效果

（4）在内容浏览器的 MyTextures 文件夹中导入皮革粗糙度、法线贴图，如图 6-31 所示。

（5）取消材质编辑器窗口最大化显示，在内容浏览器中选中刚刚导入的两张贴图并将其拖拽到材质编辑器窗口中，UE4 会自动将拖入的贴图转换为 TextureSample（纹理取样）节点，如图 6-32 所示。

效果表现项目案例教程（3ds Max+Unreal Engine 4）

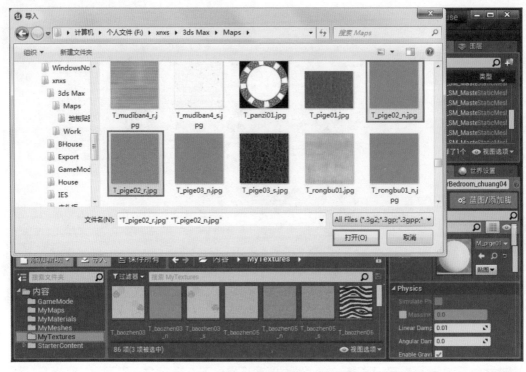

图 6-31　导入皮革粗糙度、法线贴图

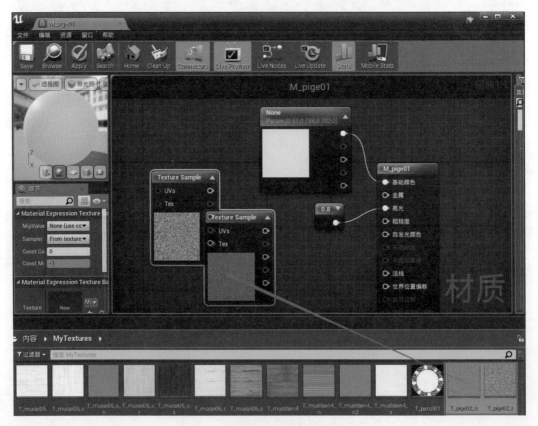

图 6-32　将贴图拖入材质编辑器中

（6）模拟皮革的粗糙度效果。按下 L+ 鼠标左键创建 LinearInterpolate（线性插值）节点，将皮革粗糙度纹理的 TextureSample（纹理取样）节点的红色通道连接到 LinearInterpolate 节点的 Alpha 上；按下 1+ 鼠标左键创建一个 Constant（常量）节点，设置其值为 0.2，将该节点连接到 LinearInterpolate 节点的 A 上；按下 1+ 鼠标左键再创建一个 Constant 节点，设置其值为 0.7，将该节点连接到 LinearInterpolate 节点的 B 上，将 LinearInterpolate 节点连接到基础材质节点的"粗糙度"上，如图 6-33 所示。

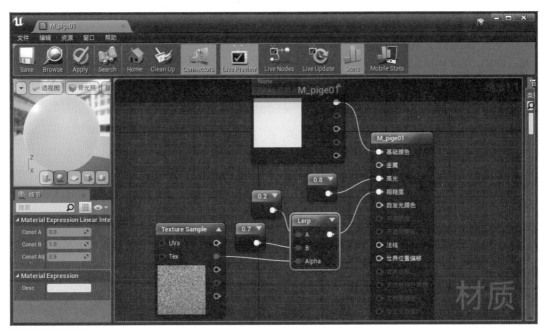

图 6-33　模拟皮革粗糙度效果

（7）模拟皮革凹凸效果。将皮革粗糙度法线的 TextureSample（纹理取样）节点连接到基础材质节点的"法线度"上，如图 6-34 所示。

（8）调节完毕后，单击工具栏中的 Apply 按钮应用设置，再单击 Save 按钮保存设置，然后回到关卡编辑器中观察皮革的效果，如图 6-35 所示。

6.6.3　床单材质

（1）在透视图中选择"床单"模型，在"细节"面板中展开 Materials 卷展栏，双击床单材质进入材质编辑器。

（2）调节床单的纹理大小和颜色。按下 U+ 鼠标左键创建一个 TextureCoordinate（纹理坐标）节点，设置 UTiling 的值为 2、VTiling 的值为 2，将该节点连接到基础纹理的 TextureSample（纹理取样）节点的 UVs 上；按下 L+ 鼠标左键创建一个 LinearInterpolate（线性插值）节点，将床单纹理的 TextureSample 节点连接到 LinearInterpolate 节点的 A 上；按下 1+ 鼠标左键创建一个 Constant（常量）节点，并设置其值为 1，将该节点连接到 LinearInterpolate 节点的 B 上；选中 LinearInterpolate 节点，在"细节"面板中展开

Material Expression Linear Interpolate 卷展栏，设置 Const Alpha（常量 Alpha）的值为 0.5，将该节点连接到基础材质节点的"基础颜色"上，如图 6-36 所示。

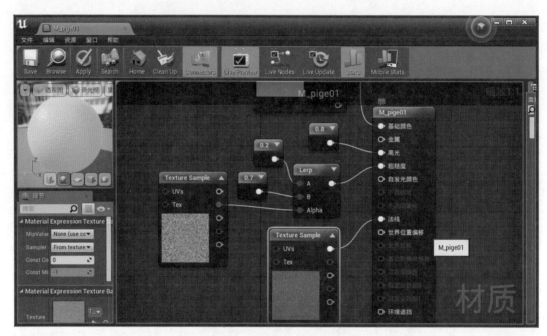

图 6-34　模拟皮革凹凸效果

图 6-35　皮革材质效果

（3）模拟床单的高光、粗糙度效果。按下 1+ 鼠标左键创建一个 Constant（常量）节点，并设置其值为 0.4，将该节点连接到基础材质节点的"高光"上；按下 1+ 鼠标左键再创建一个 Constant 节点，并设置其值为 0.6，将该节点连接到基础材质节点的"粗糙度"上，如图 6-37 所示。

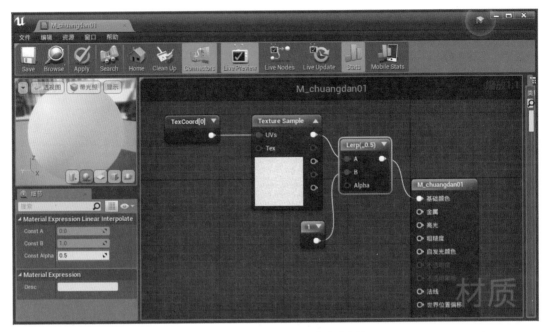

图 6-36　调节床单的纹理大小和颜色

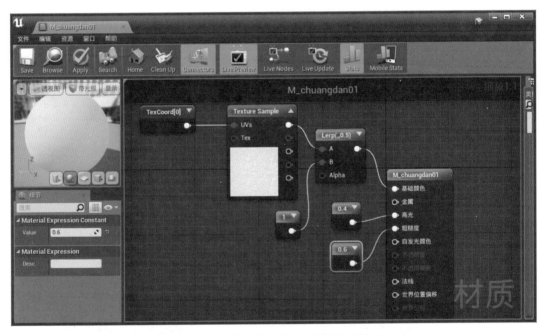

图 6-37　模拟床单高光、粗糙度效果

（4）在内容浏览器的 MyTextures 文件夹中导入床单的法线贴图，如图 6-38 所示。

（5）取消材质编辑器窗口最大化显示，在内容浏览器中选中刚刚导入的一张贴图并将其拖拽到材质编辑器窗口中，UE4 会自动将拖入的贴图转换为 TextureSample（纹理取样）节点，如图 6-39 所示。

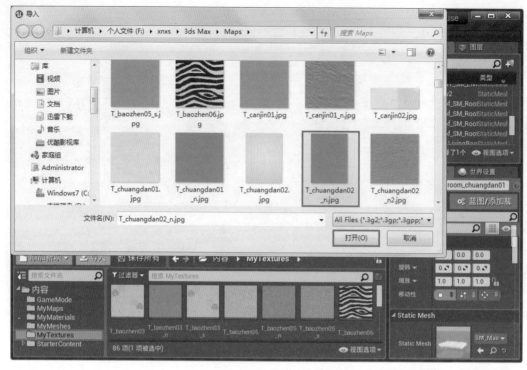

图 6-38　导入床单法线贴图

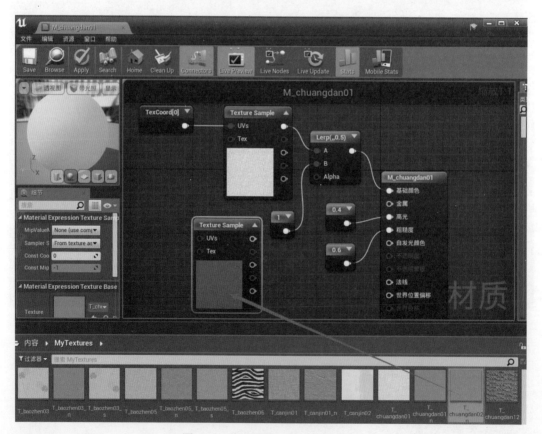

图 6-39　将贴图拖入材质编辑器中

（6）模拟床单凹凸效果。按下 U+ 鼠标左键创建一个 TextureCoordinate（纹理坐标）节点，设置 UTiling 的值为 3、VTiling 的值为 1，将该节点连接到法线纹理的 TextureSample（纹理取样）节点的 UVs 上；按下 M+ 鼠标左键创建一个 Multiply（乘）节点，将法线纹理的 TextureSample 节点连接到 Multiply 节点的 A 上；按下 3+ 鼠标左键创建一个 Constant3Vector（常量 3 矢量）节点，设置其颜色为（R：1，G：1，B：0.2），将该节点连接到 Multiply 节点的 B 上，将 Multiply 节点连接到基础材质节点的"法线"上，如图 6-40 所示。

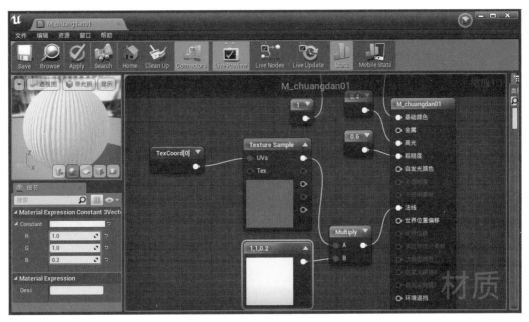

图 6-40　模拟床单凹凸效果

（7）调节完毕后，单击工具栏中的 Apply 按钮应用设置，再单击 Save 按钮保存设置，然后回到关卡编辑器中观察床单的效果，如图 6-41 所示。

6.6.4　抱枕材质

抱枕材质有布的，也有绒的，这里以细绒抱枕材质为例进行说明。

（1）在透视图中选择"抱枕"模型，在"细节"面板中展开 Materials 卷展栏，双击抱枕材质进入材质编辑器。

（2）模拟细绒抱枕颜色中间较深、边缘浅而亮的衰减效果。按下 M+ 鼠标左键创建一个 Multiply（乘）节点，将抱枕颜色的 VectorParameter（矢量参数）节点连接到 Multiply 节点的 A 上；按下 1+ 鼠标左键创建一个 Constant（常量）节点，并设置其值为 0.35，将该节点连接到 Multiply 节点的 B 上；按下 M+ 鼠标左键再创建一个 Multiply 节点，将抱枕颜色的 VectorParameter 节点连接到 Multiply 节点的 A 上；按下 1+ 鼠标左键创建一个 Constant（常量）节点并设置其值为 10，将该节点连接到 Multiply 节点的 B 上；按下 L+ 鼠标左键创建一个 LinearInterpolate（线性插值）节点，将两个 Multiply 节点分别连接到 LinearInterpolate 节点的 A 和 B 上；创建一个 Fresnel（菲涅耳）节点，在"控制板"的搜索框中输入关键字进行检索，在"工具"类的节点中选择 Fresnel 并将其拖拽到材质编辑器窗口中；选中 Fresnel 节点，在"细节"面板中展开 Material Expression Fresnel 卷展栏，设置 Exponent 的值为 5、Base Reflect Fraction 的值为 0.04，将该节点连接到 LinearInterpolate 节点的 Alpha 上，将 LinearInterpolate 节点连接到基础材质节点的"基础颜色"上，如图 6-42 所示。

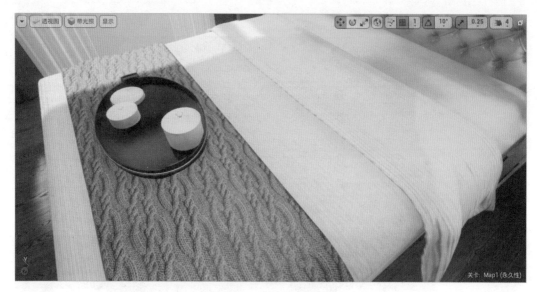

图 6-41　床单材质效果

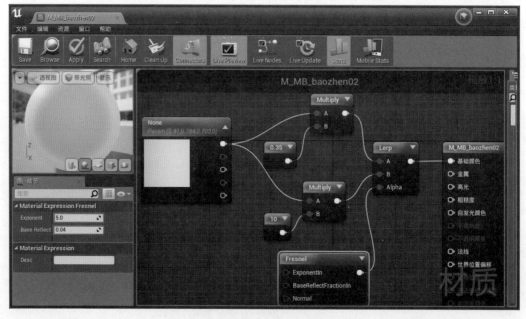

图 6-42　模拟细绒抱枕颜色衰减效果

（3）在内容浏览器的 MyTextures 文件夹中导入细绒抱枕的法线贴图，如图 6-43 所示。

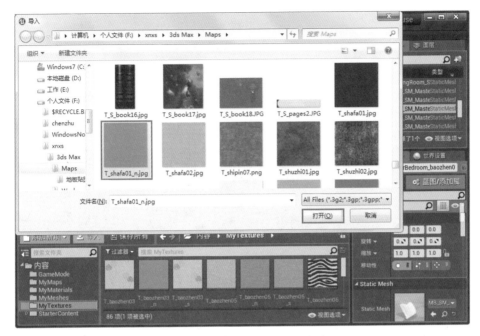

图 6-43　导入细绒抱枕法线贴图

（4）取消材质编辑器窗口最大化显示，在内容浏览器中选中刚刚导入的一张贴图并将其拖拽到材质编辑器窗口中，UE4 会自动将拖入的贴图转换为 TextureSample（纹理取样）节点，如图 6-44 所示。

图 6-44　将贴图拖入材质编辑器中

（5）模拟抱枕表面凹凸效果，有明显的细绒。按下 U+ 鼠标左键创建一个 TextureCoordinate（纹理坐标）节点，设置 UTiling 的值为 3、VTiling 的值为 3，将该节点连接到法线纹理的 TextureSample（纹理取样）节点的 UVs 上；按下 M+ 鼠标左键创建一个 Multiply（乘）节点，将抱枕法线纹理的 TextureSample 节点连接到 Multiply 节点的 A 上；按下 3+ 鼠标左键创建一个 Constant3Vector（常量 3 矢量）节点，设置其颜色为（R：1，G：1，B：0.05），将该节点连接到 Multiply 节点的 B 上，将 Multiply 节点连接到基础材质节点的"法线"上，如图 6-45 所示。

图 6-45　模拟细绒抱枕凹凸效果

（6）调节完毕后，单击工具栏中的 Apply 按钮应用设置，再单击 Save 按钮保存设置，然后回到关卡编辑器中观察抱枕的效果，如图 6-46 所示。

图 6-46　抱枕材质效果

6.6.5 吊灯材质

吊灯主要由金属支架和玻璃灯罩组成。

1. 金属材质

（1）在透视图中选择"吊灯支架"模型，在"细节"面板中展开 Materials 卷展栏，双击金属材质进入材质编辑器。

（2）取消材质编辑器窗口最大化显示。由于前面选择了"具有初学者内容"来创建项目，因此项目中会自动带有一些贴图，可以直接使用。在内容浏览器中展开 StarterContent → Textures 文件夹，选择 T_MacroVariation 贴图并将其拖拽到材质编辑器窗口中，UE4 会自动将拖入的贴图转换为 TextureSample（纹理取样）节点，如图 6-47 所示。

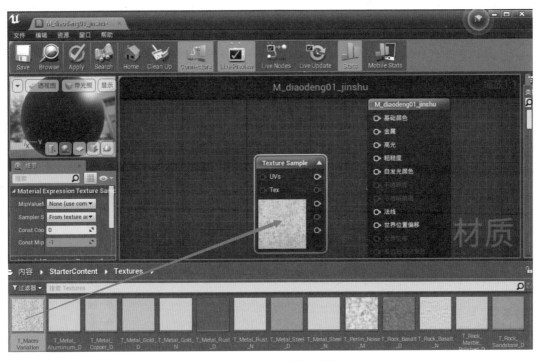

图 6-47　导入金属纹理贴图

（3）模拟金属的纹理，将不同大小的纹理相乘并进行颜色的混合，以表现大小不一、自然真实的纹理。将金属纹理的 TextureSample（纹理取样）节点复制为 3 个；按下 U+ 鼠标左键创建 3 个 TextureCoordinate（纹理坐标）节点，设置第一个 TextureCoordinate 节点 UTiling 的值为 0.1、VTiling 的值为 0.1，设置第二个 TextureCoordinate 节点 UTiling 的值为 0.05、VTiling 的值为 0.05，设置第三个 TextureCoordinate 节点 UTiling 的值为 0.005、VTiling 的值为 0.005，将这 3 个 TextureCoordinate 节点分别连接到 3 个金属纹理的 TextureSample 节点的 UVs 上；按下 M+ 鼠标左键创建一个 Multiply（乘）节点，将两个金属纹理的 TextureSample 节点的红色通道分别连接到 Multiply 节点的 A 和 B 上；按下 M+ 鼠标左键再创建一个 Multiply 节点，将第三个金属纹理的 TextureSample 节点的红

色通道连接到 Multiply 节点的 A 上，将前面创建的 Multiply 节点连接到 Multiply 节点的
B 上；按下 L+ 鼠标左键创建一个 LinearInterpolate（线性插值）节点，将 Multiply 节点连
接到 LinearInterpolate 节点的 Alpha 上；按下 1+ 鼠标左键创建一个 Constant（常量）节点，
并设置其值为 0.75，将该节点连接到 LinearInterpolate 节点的 A 上，如图 6-48 所示。

图 6-48　模拟金属的纹理

（4）调节金属的颜色。按下 M+ 鼠标左键创建一个 Multiply（乘）节点，将 Linear-
Interpolate 节点连接到 Multiply 节点的 A 上；按下 V+ 鼠标左键创建一个 VectorParameter
（矢量参数）节点，设置其颜色为金黄色（R：0.568627，G：0.439216，B：0.270588），
将该节点连接到 Multiply 节点的 B 上，将 Multiply 节点连接到基础材质节点的"基础颜色"
上，如图 6-49 所示。

（5）模拟吊灯支架的金属和粗糙度效果。按下 1+ 鼠标左键创建一个 Constant（常量）
节点并设置其值为 1，将该节点连接到基础材质节点的"金属"上；按下 1+ 鼠标左键再
创建一个 Constant 节点并设置其值为 0.2，将该节点连接到基础材质节点的"粗糙度"上，
如图 6-50 所示。

2. 灯罩材质

（1）在内容浏览器的 MyTextures 文件夹中导入灯罩基础纹理和粗糙度、不透明度贴图，
其中粗糙度和不透明度使用同一张贴图，如图 6-51 所示。

（2）在透视图中选择"吊灯灯罩"模型，在"细节"面板中展开 Materials 卷展栏，
双击灯罩材质进入材质编辑器。

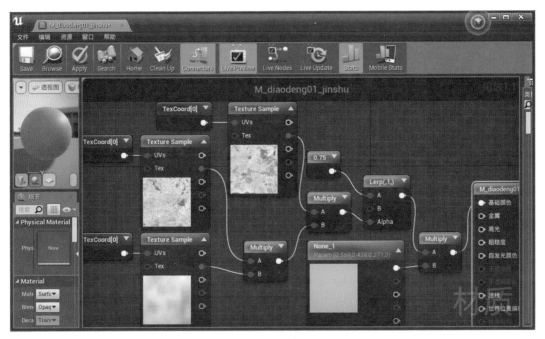

图 6-49　调节金属颜色

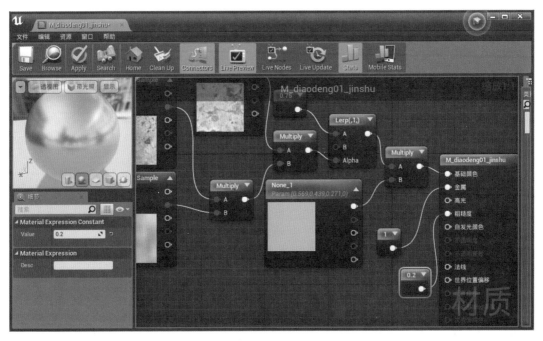

图 6-50　模拟吊灯支架的金属和粗糙度效果

（3）取消材质编辑器窗口最大化显示，在内容浏览器中选中刚刚导入的两张贴图并将其拖拽到材质编辑器窗口中，UE4 会自动将拖入的贴图转换为 TextureSample（纹理取样）节点，如图 6-52 所示。

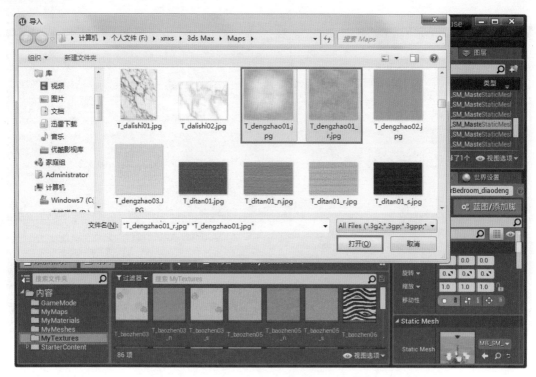

图 6-51　导入灯罩基础纹理和粗糙度、不透明度贴图

图 6-52　将贴图拖入材质编辑器中

（4）模拟灯罩的基础颜色和纹理。将灯罩基础纹理的 TextureSample（纹理取样）节点连接到基础材质节点的"基础颜色"上，如图 6-53 所示。

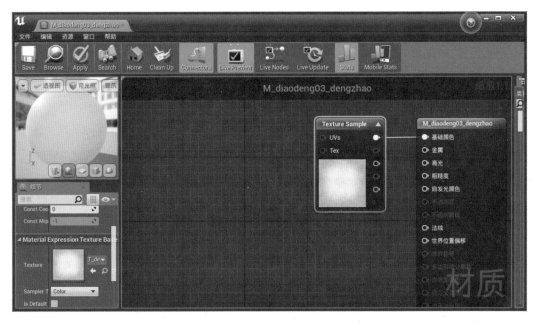

图 6-53　模拟灯罩的基础颜色和纹理

（5）模拟灯罩的粗糙度效果。按下 L+ 鼠标左键创建一个 LinearInterpolate（线性插值）节点，将灯罩粗糙度纹理的 TextureSample（纹理取样）节点连接到 LinearInterpolate 节点的 A 上；按下 1+ 鼠标左键创建一个 Constant（常量）节点并设置其值为 0.25，将该节点连接到 LinearInterpolate 节点的 B 上；选中 LinearInterpolate 节点，在"细节"面板中展开 Material Expression Linear Interpolate 卷展栏，设置 Const Alpha 的值为 0.5，将该节点连接到基础材质节点的"粗糙度"上，如图 6-54 所示。

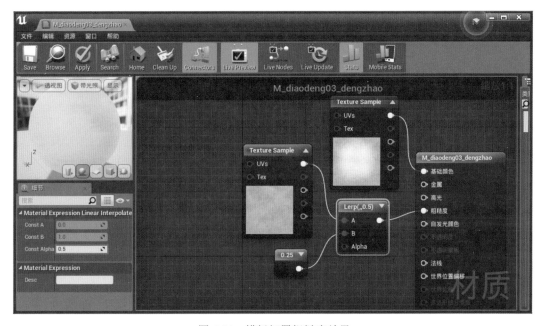

图 6-54　模拟灯罩粗糙度效果

（6）模拟灯罩自发光的颜色和强度。按下 M+ 鼠标左键创建一个 Multiply（乘）节点，将灯罩基础纹理的 TextureSample（纹理取样）节点连接到 Multiply 节点的 A 上；按下 1+ 鼠标左键创建一个 Constant（常量）节点并设置其值为 0.5，将该节点连接到 Multiply 节点的 B 上，将 Multiply 节点连接到基础材质节点的"自发光颜色"上，如图 6-55 所示。

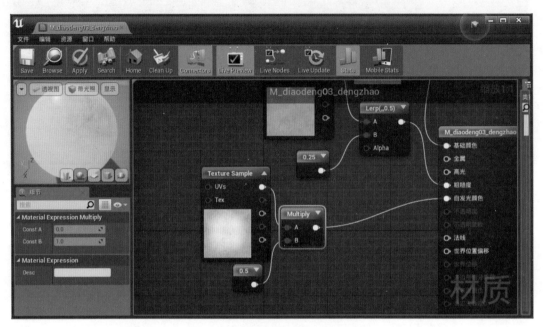

图 6-55　模拟灯罩自发光颜色和强度

（7）表现灯罩的半透明效果。选中基础材质节点，在"细节"面板中展开 Material 卷展栏，设置 Blend Mode 为 Translucent；按下 L+ 鼠标左键创建一个 LinearInterpolate（线性插值）节点，将灯罩不透明度纹理的 TextureSample（纹理取样）节点的红色通道连接到 LinearInterpolate 节点的 Alpha 上；按下 1+ 鼠标左键创建一个 Constant（常量）节点并设置其值为 0.5，将该节点连接到 LinearInterpolate 节点的 A 上；按下 1+ 鼠标左键再创建一个 Constant（常量）节点并设置其值为 0.8，将该节点连接到 LinearInterpolate 节点的 B 上，将 LinearInterpolate 节点连接到基础材质节点的"不透明度"上。至此已实现最简单的半透明效果，为了使材质看起来更加真实，选中基础材质节点，在"细节"面板中展开 Translucency 卷展栏，设置 Lighting Mode 为 Surface TranslucencyVolume，如图 6-56 所示。

（8）调节完毕后，单击工具栏中的 Apply 按钮应用设置，再单击 Save 按钮保存设置，然后回到关卡编辑器中观察吊灯的效果，如图 6-57 所示。

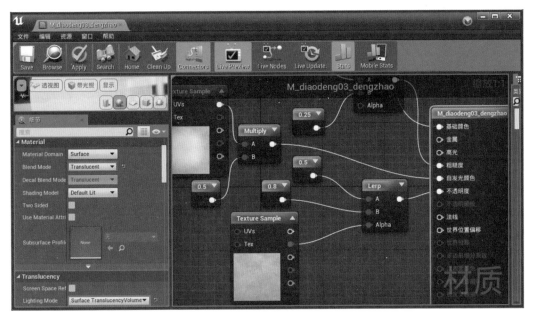

图 6-56　表现灯罩半透明效果

图 6-57　吊灯材质效果

6.6.6　床头柜材质

床头柜主要由金属边框和实木柜体组成，金属材质前面已经介绍过，这里主要介绍实木柜体的设置。

（1）在透视图中选择"床头柜"模型，在"细节"面板中展开 Materials 卷展栏，双击实木材质进入材质编辑器。

（2）调节床头柜实木颜色。将连接到"基础颜色"的 VectorParameter（矢量参数）节点的颜色调整为深灰色（R：0.020833，G：0.020833，B：0.020833），如图 6-58 所示。

图 6-58　调节床头柜实木颜色

（3）在内容浏览器的 MyTextures 文件夹中导入床头柜实木的高光、粗糙度贴图，如图 6-59 所示。

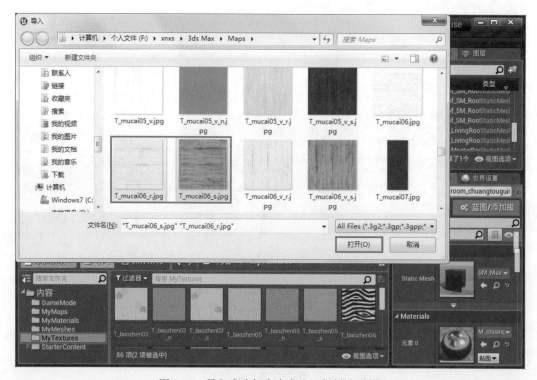

图 6-59　导入床头柜实木高光、粗糙度贴图

（4）取消材质编辑器窗口最大化显示，在内容浏览器中选中刚刚导入的两张贴图并将其拖拽到材质编辑器窗口中，UE4 会自动将拖入的贴图转换为 TextureSample（纹理

取样）节点，如图 6-60 所示。

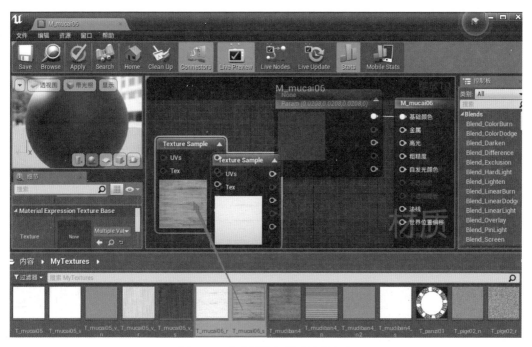

图 6-60　将贴图拖入材质编辑器中

（5）模拟床头柜实木高光效果。将床头柜实木高光纹理的 TextureSample（纹理取样）节点连接到基础材质节点的"高光"上，如图 6-61 所示。

图 6-61　模拟床头柜实木高光效果

（6）表现床头柜实木粗糙度效果。按下 L+ 鼠标左键创建一个 LinearInterpolate（线性插值）节点，将床头柜实木粗糙度纹理的 TextureSample（纹理取样）节点的红色通道连接到 LinearInterpolate 节点的 Alpha 上；按下 1+ 鼠标左键创建一个 Constant（常量）节点并设置其值为 1.3，将该节点连接到 LinearInterpolate 节点的 A 上；按下 1+ 鼠标左键再创建一个 Constant（常量）节点并设置其值为 0.2，将该节点连接到 LinearInterpolate 节点的 B 上；创建一个 Clamp（限制）节点，在"控制板"的搜索框中输入关键字进行检索，在"计算"类的节点中选择 Clamp 并将其拖拽到材质编辑器窗口中，Clamp 节点接收值并将它们约束到由最小值和最大值定义的指定范围，将 LinearInterpolate 节点连接到 Clamp 节点，选中 Clamp 节点，在"细节"面板中展开 Material Expression Clamp 卷展栏，设置 Min Default（默认最小值）的值为 0、Max Default（默认最大值）的值为 1；按下 L+ 鼠标左键再创建一个 LinearInterpolate 节点，将 Clamp 节点连接到 LinearInterpolate 节点的 B 上；选中 LinearInterpolate 节点，在"细节"面板中展开 Material Expression Linear Interpolate 卷展栏，设置 Const A 的值为 0.1、Const Alpha 的值为 0.5，将该节点连接到基础材质节点的"粗糙度"上，如图 6-62 所示。

图 6-62　模拟床头柜实木粗糙度效果

（7）调节完毕后，单击工具栏中的 Apply 按钮应用设置，再单击 Save 按钮保存设置，然后回到关卡编辑器中观察床头柜的效果，如图 6-63 所示。

6.6.7　窗帘材质

窗帘主要由深色窗帘和浅色窗纱组成。

1. 深色窗帘材质

（1）在透视图中选择"深色窗帘"模型，在"细节"面板中展开 Materials 卷展栏，双击窗帘材质进入材质编辑器。

图 6-63　床头柜材质效果

（2）调节窗帘的纹理大小，加深颜色。按下 U+ 鼠标左键创建一个 TextureCoordinate（纹理坐标）节点，设置 UTiling 的值为 4、VTiling 的值为 4，将该节点连接到窗帘基础纹理的 TextureSample（纹理取样）节点的 UVs 上；按下 M+ 鼠标左键创建一个 Multiply（乘）节点，将窗帘基础纹理的 TextureSample 节点连接到 Multiply 节点的 A 上；按下 1+ 鼠标左键创建一个 Constant（常量）节点并设置其值为 0.4，将该节点连接到 Multiply 节点的 B 上，将 Multiply 节点连接到基础材质节点的"基础颜色"上，如图 6-64 所示。

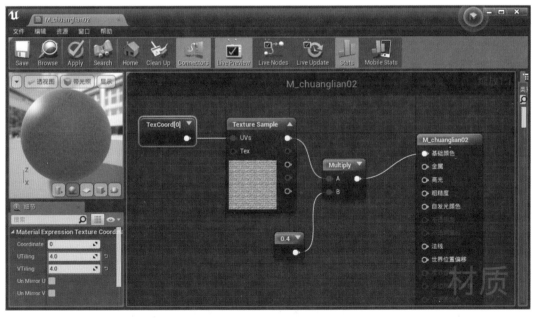

图 6-64　调节窗帘纹理大小和颜色

（3）模拟窗帘的高光和粗糙度效果。按下 1+ 鼠标左键创建一个 Constant（常量）节点并设置其值为 0.2，将该节点连接到基础材质节点的"高光"上；按下 1+ 鼠标左键再创建一个 Constant 节点并设置其值为 0.7，将该节点连接到基础材质节点的"粗糙度"上，如图 6-65 所示。

图 6-65　模拟窗帘高光和粗糙度效果

（4）在内容浏览器的 MyTextures 文件夹中导入窗帘的法线贴图，如图 6-66 所示。

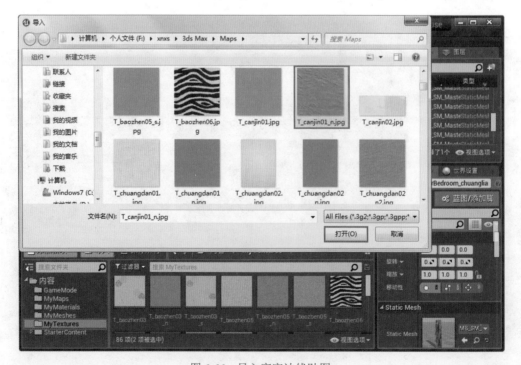

图 6-66　导入窗帘法线贴图

（5）取消材质编辑器窗口最大化显示，在内容浏览器中选中刚刚导入的一张贴图并将其拖拽到材质编辑器窗口中，UE4 会自动将拖入的贴图转换为 TextureSample（纹理取样）节点，如图 6-67 所示。

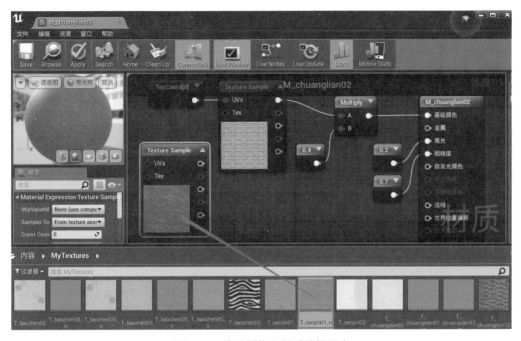

图 6-67　将贴图拖入材质编辑器中

（6）模拟窗帘的凹凸效果。将窗帘法线纹理的 TextureSample（纹理取样）节点连接到基础材质节点的"法线"上，如图 6-68 所示。

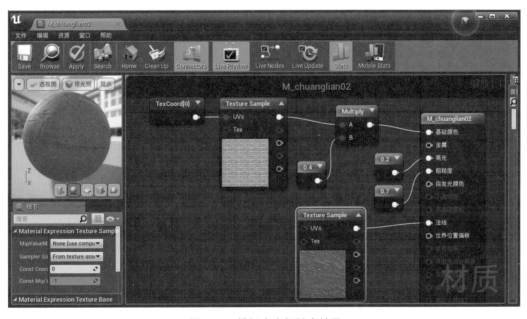

图 6-68　模拟窗帘粗糙度效果

2. 浅色窗纱材质

（1）在透视图中选择"浅色窗纱"模型，在"细节"面板中展开 Materials 卷展栏，双击窗纱材质进入材质编辑器。

（2）模拟窗纱的颜色。按下 V+ 鼠标左键创建一个 VectorParameter（矢量参数）节点，设置其颜色为接近白色（R：0.9，G：0.9，B：0.9），将该节点连接到基础材质节点的"基础颜色"上，如图 6-69 所示。

图 6-69　模拟窗纱颜色

（3）在内容浏览器的 MyTextures 文件夹中导入窗纱的不透明度贴图，如图 6-70 所示。

（4）取消材质编辑器窗口最大化显示，在内容浏览器中选中刚刚导入的一张贴图并将其拖拽到材质编辑器窗口中，UE4 会自动将拖入的贴图转换为 TextureSample（纹理取样）节点，如图 6-71 所示。

（5）表现窗纱的半透明效果。选中基础材质节点，在"细节"面板中展开 Material 卷展栏，设置 Blend Mode 为 Translucent；按下 U+ 鼠标左键创建一个 TextureCoordinate（纹理坐标）节点，设置 UTiling 的值为 2、VTiling 的值为 2，将该节点连接到窗纱不透明度纹理的 TextureSample（纹理取样）节点的 UVs 上；按下 L+ 鼠标左键创建一个 LinearInterpolate（线性插值）节点，将窗纱不透明度纹理的 TextureSample 节点连接到 LinearInterpolate 节点的 A 上；按下 1+ 鼠标左键创建一个 Constant（常量）节点并设置其值为 0.85，将该节点连接到 LinearInterpolate 节点的 B 上；选中 LinearInterpolate 节点，在"细节"面板中展开 Material Expression Linear Interpolate 卷展栏，设置 Const Alpha 的值为 0.5，将该节点连接到基础材质节点的"不透明度"上。至此已实现最简单的半透明效果，为了使材质看起来更加真实，选中基础材质节点，在"细节"面板中展开 Translucency 卷展栏，设置 Lighting Mode 为 Surface TranslucencyVolume，如图 6-72 所示。

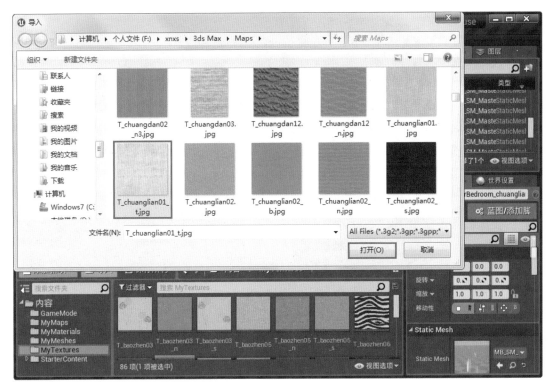

图 6-70　导入窗纱不透明度贴图

图 6-71　将贴图拖入材质编辑器中

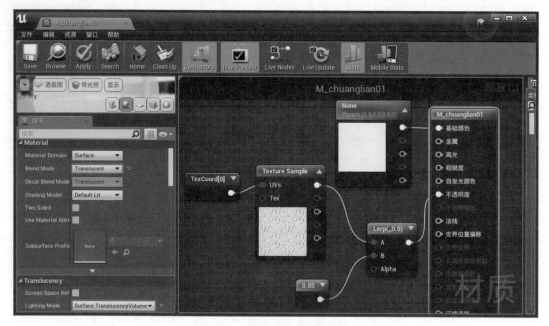

图 6-72　表现窗纱半透明效果

（6）调节完毕后，单击工具栏中的 Apply 按钮应用设置，再单击 Save 按钮保存设置，然后回到关卡编辑器中观察窗帘的效果，如图 6-73 所示。

图 6-73　窗帘材质效果

至此，卧室场景中的主要材质已经介绍完了，对于其他未讲解的材质，读者可参考以上讲述的各种不同物体的材质设置方法进行模拟，最终表现效果如图 6-74 所示。

图 6-74　最终表现效果

6.7　创建碰撞外壳

在关卡编辑器中，单击工具栏上的"播放"按钮，可以通过 WASD 键、方向键或鼠标来移动，但是移动时能穿透关卡中的物体，这显然不合常理，所以我们需要为一些物体创建碰撞外壳。创建碰撞外壳的方法很多，可以在 3ds Max 中创建，也可以在 UE4 中创建。这里简单介绍如何在 UE4 中创建碰撞外壳。

6.7.1　创建卧室墙体碰撞外壳

（1）在关卡编辑器的透视图中选择"卧室墙体"模型，在"细节"面板中展开 Static Mesh 卷展栏，双击墙体模型进入静态网格物体编辑器。

（2）单击工具栏上的 Collision 按钮显示碰撞，在"细节"面板中展开 Collision 卷展栏，设置 Collision Complexity 为 Use Complex Collision As Simple，如图 6-75 所示。

（3）创建好后单击工具栏上的 Save 按钮保存设置。

6.7.2　创建窗户碰撞外壳

（1）在关卡编辑器的透视图中选择"窗框"模型，在"细节"面板中展开 Static Mesh 卷展栏，双击窗框模型进入静态网格物体编辑器。

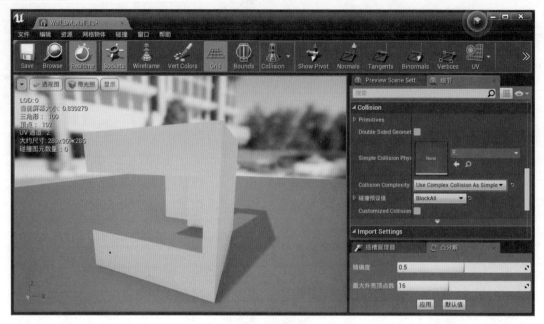

图 6-75　创建卧室墙体碰撞外壳

（2）使用简单形状创建碰撞外壳。单击工具栏上的 Collision 按钮显示碰撞，单击"碰撞"→ Add Box Simplified Collision 命令，如图 6-76 所示。

图 6-76　创建窗户碰撞外壳

（3）创建好后单击工具栏上的 Save 按钮保存设置。

客厅和卧室介绍了多种在 UE4 中创建碰撞外壳的方法，读者可参考以上内容对需要创建碰撞外壳的物体进行设置，也可以在 3ds Max 中创建碰撞外壳后一并导入 UE4 中。

6.8 添加背景音乐

（1）在"模式"面板中，单击"放置"模式，再单击"所有类"选项卡，将"环境音效"拖拽入关卡中为关卡添加背景音乐，如图6-77所示。但前面选择了"具有初学者内容"来创建项目，关卡已有环境音效，可以直接使用。

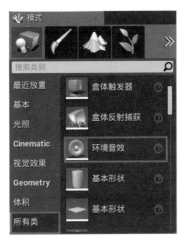

图 6-77 "模式"面板中的"环境音效"

（2）在内容浏览器中，新建一个 MyMusic 文件夹，在其中导入一首 WAV 格式的音乐，如图6-78所示。

图 6-78 导入背景音乐

（3）在左视图中选择环境音效，在内容浏览器选择上一步导入的音乐文件，在"细节"面板的 Sound 卷展栏中单击"使用内容浏览器中的资源"按钮，即将音乐指定给了环境音效，如图 6-79 所示。

图 6-79　将音乐指定给环境音效

（4）在内容浏览器中选择环境音效，双击音乐文件，打开"通用资源编辑器"对话框，打开 Sound Wave 卷展栏，勾选 Looping（循环播放）复选项，如图 6-80 所示。

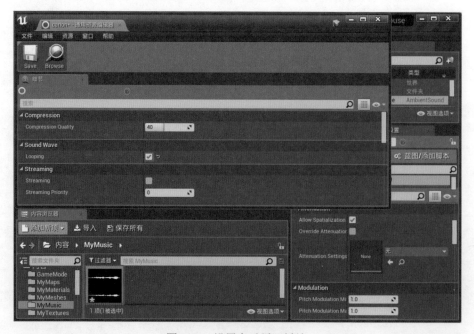

图 6-80　设置音乐循环播放

（5）在左视图中选择环境音效，在"细节"面板中打开 Activation 卷展栏并勾选 Auto Activate（自动激活）复选项，才会在播放场景时自动播放音乐，如图 6-81 所示。

图 6-81　设置音乐自动播放

6.9　打包输出

在同一套样板间的客厅案例中我们已经调整好玩家起点的位置和高度，设置好了游戏模式和角色、默认地图等，所以这里直接打包输出。

（1）打包输出。单击"文件"→"打包项目"→ Windows →"Windows（64 位）"命令，选择一个输出文件夹，然后等待项目打包输出。

（2）打包输出完成后，双击并打开输出的 exe 可执行文件即可进行 VR 体验，如图 6-82 所示。

图 6-82　打包输出的程序

本章小结

　　本章主要介绍了虚拟现实卧室效果表现的特点、导出导入、场景搭建、灯光布置、材质模拟、碰撞外壳、背景音乐、打包输出等的方法与技巧。将 3ds Max 中导出的模型资源导入 UE4 中，进行卧室场景搭建；使用定向光源模拟太阳光，让暖暖的阳光洒进卧室；使用点光源模拟吊灯和台灯，增强室内光照，丰富灯光效果，增加层次感；对木地板、皮革、床单、抱枕、吊灯、床头柜、窗帘等材质进行模拟，表现卧室的温馨、浪漫与飘逸；添加背景音乐，营造在虚拟现实中漫游时的整体氛围。

课后习题

一、选择题

1. 在激活的关卡编辑器中运行该关卡，快捷键是（　　）。

　　A．G　　　　　　　　B．Ctrl+R　　　　　　C．F11　　　　　　　　D．Alt+P

2. UE4 中的台灯灯光一般用（　　）光源来模拟。

　　A．定向　　　　　　　B．点　　　　　　　　C．聚　　　　　　　　D．天空

3. UE4 的基础材质节点中用输入实际控制表面在多大程度上"像金属"的是（　　）。

　　A．法线　　　　　　B．透明度　　　　　C．粗糙度　　　　　D．金属

4. UE4 的基础材质节点中用于调整非金属表面上当前镜面反射量的是（　　）。

　　A．基础颜色　　　　B．金属　　　　　　C．高光　　　　　　D．粗糙度

5. UE4 的基础材质节点中不透明度输入默认是不可用状态，需要设置为（　　）混合模式才能使用。

　　A．Opaque　　　　　B．Masked　　　　　C．Translucent　　　D．Surface

二、简述题

1. LinearInterpolate（线性插值）节点的作用是什么？
2. Fresnel（菲涅耳）节点的作用是什么？

三、实践题

　　在 UE4 中导入自己准备好的 3ds Max 模型资源，利用所学知识搭建场景、布置灯光、模拟材质、创建碰撞外壳、添加背景音乐、设置并打包输出，完成一个居室空间的虚拟现实效果表现。

参考文献

[1] 印象文化,周厚宇,陈学全. 3ds Max/VRay印象超写实效果图表现技法 [M]. 3版. 北京：人民邮电出版社，2014.

[2] 刁俊琴，田罡. 3ds Max/VRay室内家装工装效果图表现技法 [M]. 北京：人民邮电出版社，2017.

[3] 刘向群. VR/AR/MR开发实战——基于Unity与UE4引擎 [M]. 北京：机械工业出版社，2017.

[4] 何伟. Unreal Engine 4从入门到精通 [M]. 北京：中国铁道出版社，2018.

[5] Brenden Sewell. Unreal Engine 4蓝图可视化编程 [M]. 陈东林译. 北京：人民邮电出版社，2017.